中央音乐学院优秀学术成果资助出版项目

高校纵向科研经费协同治理研究
——理论与实践

齐 天 著

中国城市出版社

图书在版编目（CIP）数据

高校纵向科研经费协同治理研究 ：理论与实践 / 齐天著. -- 北京 ：中国城市出版社，2024. 10. -- ISBN 978-7-5074-3789-8

Ⅰ. G647.5

中国国家版本馆 CIP 数据核字第 20259447HA 号

责任编辑：陈夕涛　徐昌强　李　东
责任校对：赵　力

高校纵向科研经费协同治理研究
——理论与实践
齐　天　著

*

中国城市出版社出版、发行(北京海淀三里河路 9 号)
各地新华书店、建筑书店经销
北京鸿文瀚海文化传媒有限公司制版
建工社（河北）印刷有限公司印刷

*

开本：787 毫米×1092 毫米　1/16　印张：11¼　字数：257 千字
2025 年 1 月第一版　2025 年 1 月第一次印刷
定价：**48.00** 元

ISBN 978-7-5074-3789-8
(904749)

序

伴随着国家科技创新的大环境，高校作为科研生力军，已成为不可忽视的重要科技力量，但高校科技创新大多受限于国家财政拨款，因此，纵向科研经费管理成为高校科技治理与财务治理融合的关键。如何落实国家“放管服”改革政策，合法合规地使用纵向科研经费，提高其使用效率和效益，产出更多的科技成果，已成为高校管理者迫切需要解决的问题。

该研究成果历经4年时间精心打磨，运用委托代理、利益相关及协同治理等相关学科理论知识，以国家科技改革政策和法律法规为背景，对我国高校纵向科研经费协同治理理论及实践进行研究。通过对高校科研经费管理现状、管理困境及科研效率进行分析，借鉴吸取国内外公共管理协同治理研究成果，按照纵向科研经费的三重委托—代理关系，分析主体结构及功能，凝练出“政府主导、依托高校、执行责任”的高校纵向科研经费协同治理体系、模型、机制，并通过动静态的方法验证S高校纵向科研经费协同治理效果，最终提出以主体—过程—资源协同三维方式全面实现高校纵向科研经费协同治理，达到有效提升高校科研团队的原始创新能力，提高国家财政拨款的科研经费使用效率，并实现科技成果倍出的科技创新目标。该研究成果拓展了协同治理在国内高校管理学研究领域的研究范畴，创新了研究方法，其研究内容具有科学性、创新性、实用性的特点，可为国内高校在科研经费治理研究方面提供有益的借鉴。

北京交通大学经济管理学院教授，博士生导师　李学伟

2024年3月于北京

前　言

高校作为国家开展基础性和前瞻性科学研究的生力军，科研经费日益增多为其科研工作提供了资金保障，但由于经费来源日趋复杂，大量投入与经费使用效率低下及成果转化效果有限之间的“不合拍”，增加了高校的科技与财务治理难度。因此，需要寻求一种新的高校科研经费治理模式，使科研经费使用更加合理、规范并发挥应有的作用。本书以国家层面的规范性文件及六部法律为研究背景，以高校纵向科研经费为研究对象，在协同治理视域下，通过深度梳理高校科研经费管理结构特点及现状和困境，借鉴吸取国内外公共管理协同治理研究成果，寻求管理创新，按照国拨财政性科研经费的纵向三重委托—代理关系，选择各级政府科技管理部门及拨款单位、高校科研经费管理部门和纵向科研项目团队作为三大主体，构建高校纵向科研经费协同治理体系、模型、机制，并以案例验证高校科研经费协同治理效果评价及系统协同度测定，提出了主体—过程—资源协同的实现方式。

本书包括以下内容：第一章：绪论。分析我国高校实施纵向科研经费协同治理的研究背景、意义、方法及框架，梳理国内外高校科研经费管理现状和协同治理理论研究现状。第二章：高校科研经费管理概述、困境及使用效率评价。主要梳理高校科研经费管理内涵、特点、现状、结构及发展历程，相关法律法规、制度政策的变化趋势以及我国 6 大类高校近年来科研经费使用效率。第三章：高校纵向科研经费协同治理体系构建。阐明了高校纵向科研经费协同治理内涵、理论特征、治理结构、困境解析及协同治理体系构建的逻辑思路。第四章：高校纵向科研经费协同治理模型构建。借鉴 SFIC 经典模型构建高校纵向科研经费协同治理模型及对模型研究假设进行验证。第五章：高校纵向科研经费协同治理机制构建。主要从动力机制、运行机制及保障机制进行分析。第六章：高校纵向科研经费协同治理效果评价。构建了协同治理效果评价指标体系，采用模糊层次评价法对 S 高校纵向科研经费协同治理效果进行验证。第七章：高校纵向科研经费治理系统协同度测定。构建了子系统有序度及复合协同度模型及对 S 高校的动态测度。第八章：高校纵向科研经费协同治理的实现方式。分别从主体—过程—资源协同的实现方式进行阐述。第九章：研究结论与展望。提出未来可能的研究方向。本书的高校纵向科研经费协同治理理论、实践及案例研究，对提升高校纵向科研经费治理水平具有重要的现实意义和应用价值，值得从事高校科研管理的相关业务人员、财务人员和在读硕博士生借鉴参考。

在写作本书的过程中，我得到了李学伟教授、刘伊生教授、刘世峰教授、苟娟琼教授、祝歆教授、孙立波教授的精心指导，还得到了中央音乐学院科研处王新华老师和中国城市出版社副总编封毅老师、编辑部主任陈夕涛老师的诚恳帮助，在此表示衷心的感谢。由于水平有限，本书难免存在不足之处，希望读者批评指正。

目录

第一章　绪论 …… 001

第一节　研究背景 …… 001
第二节　研究意义 …… 003
第三节　研究综述 …… 005
第四节　研究相关理论 …… 011
第五节　研究方法与框架 …… 015

第二章　高校科研经费管理概述、困境及使用效率评价 …… 025

第一节　高校科研经费管理概述 …… 025
第二节　高校科研经费管理困境 …… 032
第三节　高校科研经费使用效率评价 …… 033

第三章　高校纵向科研经费协同治理体系构建 …… 044

第一节　高校纵向科研经费协同治理内涵及特征 …… 044
第二节　高校纵向科研经费协同治理主体结构设计 …… 047
第三节　高校纵向科研经费协同治理困境解决办法 …… 049
第四节　高校纵向科研经费协同治理体系构建价值 …… 054
第五节　高校纵向科研经费协同治理体系维度构成 …… 056
第六节　高校纵向科研经费协同治理体系形成机制 …… 061
第七节　高校纵向科研经费协同治理体系框架构思 …… 063
第八节　高校纵向科研经费协同治理体系框架内容 …… 065

第四章　高校纵向科研经费协同治理模型构建 …… 069

第一节　高校纵向科研经费协同治理模型构建思路 …… 069
第二节　高校纵向科研经费协同治理模型构建 …… 071
第三节　高校纵向科研经费协同治理模型假设提出 …… 076
第四节　高校纵向科研经费协同治理模型假设验证 …… 081

第五章　高校纵向科研经费协同治理机制构建 …… 104
第一节　高校纵向科研经费协同治理机制框架 …… 104
第二节　高校纵向科研经费协同治理动力机制 …… 106
第三节　高校纵向科研经费协同治理运行机制 …… 108
第四节　高校纵向科研经费协同治理保障机制 …… 110
第六章　高校纵向科研经费协同治理效果评价 …… 113
第一节　高校纵向科研经费协同治理效果评价体系构建原则 …… 113
第二节　高校纵向科研经费协同治理效果评价体系构建 …… 113
第三节　高校纵向科研经费协同治理效果评价体系验证 …… 123
第七章　高校纵向科研经费治理系统协同度测定 …… 142
第一节　高校纵向科研经费治理系统协同度框架设计 …… 142
第二节　高校纵向科研经费治理的协同度评价 …… 145
第八章　高校纵向科研经费协同治理的实现方式 …… 151
第一节　主体协同的实现方式 …… 151
第二节　过程协同的实现方式 …… 154
第三节　资源协同的实现方式 …… 157
第四节　全面协同的实现方式 …… 159
第九章　研究结论与展望 …… 161
第一节　研究结论 …… 161
第二节　不足之处与研究展望 …… 163
参考文献 …… 164

第一章 绪论

本章首先分析了我国高校纵向科研经费协同治理的研究背景，阐述了研究的理论意义和实践意义，同时对高校科研经费管理及协同治理理论与实践在国内外的研究文献进行综述，最后概述了委托代理理论、利益相关理论和协同治理理论的思想精髓与研究方法。

第一节 研究背景

21世纪是经济全球化、信息化、网络化的时代，伴随世界经济的迅猛发展，科技创新已成为综合国力竞争的焦点，科学技术也成为国家经济发展的决定性指标。改革开放40多年来，我国经济增长速度显著，对科学研究的投入也在迅猛增长，高校作为国家科技创新的重要力量，集中体现了国家的科技水平。在一定程度上，纵向科研项目的数量与质量是高校科技水平的象征。如何提高高校纵向科研经费的使用效率，是各级政府和每个高校管理层共同关注的焦点。早在2002年6月，科技部、教育部联合印发《关于充分发挥高等学校科技创新作用的若干意见》，强调了对高校科技创新作用的重视。随后，教育部又启动高等学校科技创新工程，提出了高校科技创新“一把手”工程，这对促进高校科技创新起到了巨大的推动作用。2006年党的十六届五中全会更明确提出增强自主创新能力，使科技发展成为我国经济社会发展的有力支撑，把建设创新型国家作为国家面向未来的科技发展目标。尤其是党的十八大以后，政府更加重视科技创新，确立了科技创新发展的伟大战略。在国家科技创新政策与体系建设的背景下，作为国家科学研究的重要实体和科技创新的主要主体，高校已成为实现国家科技创新战略发展目标、增强国际经济实力竞争等方面不可缺少的骨干力量。由于高校在国家科学研究中所处的特殊地位，加上自身独特的机构特点，使其担负着国家的大量基础科研任务，但其科技创新活动多受制于国家提供的科技政策环境和资金条件，因此，国家财政拨款的高校科研经费总量也在逐年大幅度增加。2022年全国各类高校科技经费投入已达2828.6亿元，为高校科研工作提供了重要的资金保障，但也加大了高校科研经费财务治理的难度。由于高校科技政策落实不甚到位，使纵向科研的内控和监管不够严格，造成科研经费部分浪费或挪用、套取，甚至有廉政风险。尽管国务院以及相关部委制定并颁发了与科技政策、计划、指南及经费管理有关的各种文件，并投入了大量的精力来治理高校纵向科研经费违规行为，但因违规成本偏低，浪费、挪用现象仍然较为普遍，惩戒警示作用较弱，导致监管成本高、成效低的难题。与此同时，高校纵向科研项目团队普遍反映在科研时出现“行政干预过多”的怪圈及“报销难花钱难”的问题，这就促使我们探讨两种截然相反的问题和现象背后的逻辑及机制的形成，并思考如何在各级政府科技管理部门和纵向科研项目团队的科研人员之间搭建起交流沟通的桥梁，在共同的科技创新总目标上，构建“政府科技部门宏观管理、高校具有一定自主权力、经费管理相关部门职责清晰、科研项目团队积极参与的协作共治”的高校纵向科研经费治理新格局[1]。

为了进一步完善纵向科研经费管理，使科研人员拥有更多的自主权以激发其科技创新能力，2016 年中央办公厅、国务院办公厅联合颁布了 50 号文件，即《关于进一步完善中央财政科研项目资金管理等政策的若干意见》；2021 年再次联合发布了 32 号文件，即《关于改革完善中央财政科研经费管理的若干意见》，为全国各大高校执行上述文件提供了制度上的新要求和新方向，也为构建高校科研经费管理体系研究提供了重要指导依据，这也是在国家层面对纵向科研经费使用必须坚决贯彻执行的纲要。高校作为各级政府委托科研经费的依托主体，必须将“统一领导、分级管理、责任到人”的国家科技政策和经费管理制度落实到位，健全高校内部的科研经费管理内控及绩效评价制度，认真审核纵向科研经费的预算、支出、决算，做到“账表一致、账实相符”，确保各项科研经费支出“真实、合法、有效”，落实“花钱必问效，无效必问责”。因此，探究高校纵向科研经费协同治理效果及相关机制和实现方式，对促进高校科技管理有序化有着客观、现实的意义。

协同治理这种新型管理方法是 21 世纪以来多个国家政府改革善治的新趋势，提高政府治理效能、创新社会治理水平和维护广大人民群众的根本利益是中国共产党在新时代历届全会上对社会主义事业作出的重要部署，建立与完善各行各业的协同治理体系，培养与提升协同治理能力已成为新时代发展阶段国家、社会治理的科学指引，协同共治发展已经成为各行业、各领域、各环节的治理手段。党的十八届三中全会提出了推进国家治理体系和治理能力现代化的改革目标，推动公共事务由传统“管理”向现代“治理”转变，更加明确将国家治理体系与治理能力现代化建设视为解决我国当前棘手公共问题治理困境之破山斧的意图。国家治理的战略性顶层设计“优化协同高效”的原则为构建和实现协同治理方式，整合各级政府科技管理部门与各高校间的主体与资源提供了宏观的理论分析框架。在此背景下，高校作为我国政府和社会的中坚力量，也必然顺应新时代的要求，紧跟社会发展的步伐，以多元主体联动集成，推进高校科技的业财融合。这既是协同治理理论延伸研究之重点，也是回应高校科技与财务治理融合现实之挑战。

综上所述，使用传统的单一主体垂直管理已无法解决上述管理困境，亟须一种既能贯彻执行国家科技管理政策，又能增强高校管理人员的服务效率，还能促进高校科研人员科技创新成果倍出的协同“共治共享”的“理想”方式，使三大主体均获得较好的满意度。因此，在这样一种背景下，研究高校纵向科研经费协同治理显得尤为重要和迫切，这是因为高校纵向科研经费协同治理是将一切科技投入和产出的资源转化为各级政府科技管理部门及同级拨款单位与高校科研经费管理部门及科研人员协同“共治共享”效果的关键和根本，为了实现我国高校纵向科研经费管理的良性运行与协调发展的目标，有必要从理论和实践上探讨高校纵向科研经费协同治理中一些尚且模糊的理论与实践问题，即高校纵向科研经费协同治理体系构建取决于哪些关键要素？能否用科学的理论模型来表达“协同治理运作过程”并验证其合理性？能否运用管理学评价方法对高校纵向科研经费协同治理效果进行评价？通过何种方式创新实现高校纵向科研经费协同治理？

基于以上问题，本书试图深入分析和系统地构建高校纵向科研经费协同治理体系、模型及机制，具体分为三个逻辑环节：第一个环节是高校纵向科研经费管理概况的背景研究，主要包括其管理结构、发展历程、相关法律法规、制度政策的变化、管理现状及困境的背景分析；第二个环节是全景展现高校纵向科研经费协同治理内涵，主要包括其协同治理定义、规则、内容及理论特征、主体结构及职能、共识的分析；第三个环节是高校纵向科研经费协同治理体系、模型及机制的逻辑生成研究，主要包括其协同治理模型和体系逻辑生成的模型验证、体系和机制构建、案例验证评价，通过对高校纵向科研经费协同治理理论及实践的透视和思考，探究高校纵向科研经费协同治理的最佳实现方式。

第二节　研究意义

一、理论意义

（一）拓展国内协同治理研究的学科领域

国内外学界对协同治理理论的应用主要集中在政治、经济、行政和社会等学科领域，近年来逐渐扩展到科技业财融合领域的研究，而涉及高校纵向科研经费协同治理研究的屈指可数，故本书以国家科技政策改革深化为背景，立足于高校纵向科研经费委托—依托—执行主体视域，从协同治理主体结构及内在本质、运行规律辩证地分析高校纵向科研经费协同治理规则及机制，使协同治理方式能够推动系统正向有序发展；构建一种适用于我国现有高校纵向科研经费协同治理主体结构、职能、共识的协同治理体系，以实现对高校科技与财务治理融合研究的拓展。

（二）深化对国内协同治理研究本质的认识

本书将高校纵向科研经费协同治理视为各级政府科技管理部门及同级拨款单位与高校科研经费管理部门及纵向科研项目团队三大主体协同共治共享的过程；聚焦主体—过程—资源协同，从模型上体现为以目标、制度和手段促成三大主体在纵向科研经费治理上以平等、信任和共识为基础，以共同的科技目标为主导做出集体行动选择。因此，在三大主体之间的协同治理行动产生协同治理运作方式，会使其寻找到更丰富的协同治理价值共识，极大地丰富对此领域的协同治理研究本质的理解。

（三）开发国内协同治理研究的价值角度

基于国内大部分学者对协同治理概念的解释，参照既往理论与实践研究的范本，深入探讨我国高校纵向科研经费协同治理模型和实现方式，重点遵循我国政治制度、经济水平、社会背景、文化导向等，开展主体—过程—资源协同的高校纵向科研经费协同治理体系的正向价值研究，构建以各级政府科技管理部门及同级拨款单位为主导的高校纵向科研经费治理中主体—过程—资源三维协同实现方式，并以系统协同度和模糊层次评价法的案例验证根据该体系和模型构建的协同治理效果评价体系的适用性。

二、实践意义

（一）推进高校治理水平与治理能力的现代化

本书以各级政府科技管理部门及同级拨款单位为主导主体，其与高校科研经费管理部门、纵向科研项目团队共同组成全新的协同治理主体结构，通过对三大主体角色、责任、作用及其经费管理过程、资源合理配置的协同引导，形成目标统一、责任共担、权利同享、资源整合的协同共治共享的新格局，极大地提高了依托主体处理经费的自主权和责任主体对技术路线的决定权及对经费的使用权，同时促使高校增强自身治理的合法性，使其产生强烈的公共属性责任与使命感；针对目前我国高校纵向科研经费治理现状，提供了合理的协同治理实现方式，可为高校科技政策改革提供辅助决策支持，为推进我国高校科技治理能力与治理水平现代化提供些许借鉴。

（二）推动各级政府科技部门行政管理的功能转化

本书从动态和静态评价案例验证S高校的纵向科研经费协同治理水平，为政府及高校科技管理主体转化行政管理功能，提升国家科技治理方式，为实现“恰当规模、投入合理、成果至上、效率优化”的高校纵向科研经费的精细化管理目标提供可参考的理论依据。这虽然打破了一元化传统管理结构，但政府作为主导主体，继续行使国家赋予的权力和履行法定的职责，设计协同治理制度，将适合高校自主管理的科研事务权交还高校，使其具有合法性主体地位，履行纵向科研经费管理属性所赋予的法律法规责任；纵向科研项目团队同样具有合法性主体地位，在规范“红线意识”和强化“包干责任制”时，推动各级政府科技管理部门的行政职能转变。

（三）增强高校纵向科研经费民主参与治理的活力

各级政府科技管理部门对“责权利”的确立，可引导纵向科研经费管理的正向运行，使高校科研经费管理部门、纵向科研项目团队应对纵向科研经费治理机制及不确定性的能力得到空前增强，为科技人员参与高校科技与财务治理融合提供重要的实践通道。通过协同治理方式使高校管理主体责任意识强化，并且促使各个纵向科研项目团队主动承担起实现科研经费效率的神圣职责，凝练三大相关利益主体的民主、公平、诚信、道德理念，以形成“协同共治共享”的意蕴。以多维度方式解决高校纵向科研经费治理困境，使民主参与高校纵向科研经费治理的活力得到增强。

第三节　研究综述

本书使用主题词“协同治理”“高校”“科研经费”“纵向”对中国学术期刊网、中国优秀硕士学位论文全文数据库、中国博士学位论文全文数据库、百度等网站检索发现，截至2024年2月，未发现一项与本书完全相同的研究成果和专题论文，也未发现建立数学模型和理论体系对高校纵向科研经费协同治理进行研究的相关作品。

本书首先对高校科研经费的国内外文献进行综述，拟从高校科研经费来源、管理、绩效、监管四个方面展开论述；其次，对协同治理的国内外文献进行综述，拟从协同治理的内涵、制度运行机制、协同主体角色与功能、公共事务治理的实践价值及在高校科研经费治理应用等方面展开论述。

一、高校科研经费的国内外研究现状

（一）从经费来源分析

国外高校科研经费来源主要是政府拨款，政府拨款占比较高的依次为德国、法国、美国、日本，分别是98.0%、96.1%、89.4%、59.1%，说明这些国家非常重视科技创新与投入[2]。德国的拨付方式是来自政府给大学的整体拨款中用于科研的经费；法国的拨付方式是竞争性和稳定性资助模式；美国的拨付方式是通过直接资助或签订合同提供经费，它的经费资助渠道有竞争性、公共性、经常性三种方式；日本的拨付方式是文部省的科研基金，但有竞争性研究资金、运营费补助金、科学研究费补助金和科学研究委托费[3]；英国的拨付方式是“双重资助体系”，分为一般性和具体科研项目拨款两类，由高等教育拨款委员会和7家研究理事会拨付[4]。以上情况说明各国都会根据本国的科技需求引导其高校科研发展方向[5]。

我国高校科研经费主要来自政府拨款，高校除了有各种纵向和横向科研经费，还有校内课题自筹经费[6]。杨希（2018）基于对教育部直属54所高校科研经费投入体制的研究指出，虽然某些高校科研经费投入中的政府占比高达80%，在基础研究领域由于高比例的财政投入使科研经费出现积聚效果，其结果表现在国外发表论文数量增多增快，而科研成果转化及应用并不匹配，故认为科研经费投入体制中应形成多元化的资助体系，应鼓励企业等外部机构加入，使得学术研究成果能够满足科技创新的市场需求[7]。范夏等（2021）基于对教育部直属61所高校的调查，运用偏最小二乘路径模型进行案例验证分析，探讨了基础研究和应用研究对高校创新能力的影响，发现两者互补或替代能力提升在两个维度上存在差异；而私人资助的研究经费负向调节了应用研究对高校的创新能力，为国内经费多来源实践提供了定量的证据[8]。

（二）从经费管理分析

国外高校科研经费管理有集中和分散两种方式。美国采用分散管理，“项目合同制”

是管理的核心[9]，设置专有的科研财务人员负责科研经费预算、监督、决算，完善地规定并明确了经费提供者和使用者的权利与义务，利于提高科研经费使用效率[10]，以“道德自律＋监督体系”为保障的管理理念是其激励科技创新的根本；德国采用集中管理，有一套非常严格完整的管理制度，由高校各级单位自行申报，经评价机构评价，最后由政府专家审批，以保证科研经费的规范使用[11]，严格地预算约束和差别化管理各种类型的科研课题，项目在预算经费执行中，变动不允许超过10%，若超过此规定就会认为是重大差错，科学委员会已经审核通过的经费预算是必须严格执行的；英国采用精细化的全成本核算制度和英国高校学术研究排名（REF）科研质量评价体系来规范科研经费管理，这种核算和补偿机制符合科研活动规律，能真实地反映项目成本，做到经费管理透明化，有效利用以绩效为标准的科研评价可以加强管理效果[12]；法国采用分类投入和管理机制，配备科研项目专员进行经费监管；日本重视运用科研评价制度，按年度修订和发布科研经费手册，以详细规定来指导科研机构的经费管理和使用[13]。

我国高校均采用“课题制”管理模式，主要适用于各级各类纵向课题，在课题经费预算批准后严格执行；但在2021年开始有了重大转变，部分课题从立项开始的经费预算到研究过程中的经费支出与监管，一直到课题完成后验收，均实行“包干制”。高跃峰（2013）提出运用管理会计软件生成各种科研财务分析报表，能够提高科研会计的财务信息质量[14]。李志良等（2014）提出构建由科研经费提供主体、管理主体、使用主体形成的三维立体管理模式更适合高校科研经费管理[15]。万丽华等（2015）提出科研经费结余回收比可以根据项目的成果数目、经费节省比例、研究完成时限等量化指标来判定，构建科研人员的逆向激励机制[16]。赵雅茹（2019）提出只有妥善处理好科研人员对间接经费使用的理解及其所获得的绩效之间的相关性，才能更好地落实合理使用经费的要求[17]。李书琴（2021）整合了科研人员、项目、论文、专著、奖项、专利、标准等多源异构数据，绘制高校科研人员用户肖像并准确刻画“千人万面”，全面了解科研人员信息，客观评价其研究水平，为精准的科研服务和科学决策提供参考[18]。卫雅琦（2022）提出在高校科研信息化的基础上建立成本费用模块，完善科研经费成本费用核算，对提高科研管理效率和水平有一定的意义[19]。

（三）从经费绩效分析

Hicks（2012）建立了一套高校科研经费绩效管理评价系统，认为它有利于提升科研经费使用效率，激发科研人员创造活力，完善根据结果考核过程的科研经费管理制度[20]。Drivas等（2015）利用雅典农大资助信息和科研产出的详细数据，考察每类资金来源，尤其是来自私人、希腊政府和欧洲联盟的资金与学术研究产出的数量和质量的相关性，发现在控制了每个研究实验室的未观察到的异质性之后，所有类型的研究经费都与出版物和引文的数量有关，至少申请过一项专利的研究实验室能产出更多的出版物和引文[21]。David（2016）对智利高校采用数据包络法（DEA）做科研绩效评价，结果只有少数高校科研效率是DEA有效，且公、私立高校间科研效率差别较大[22]。张菲菲（2020）研究新西兰政府建立的科研评价体系是以绩效为基础进行多维度的评价，认为符合高校科研经费所拥有的特点[23]。Ulrika（2021）研究瑞典将绩效型科研资助体系（PRFS）引入高校科研拨款，发现高校对此体系回应有三类：追求卓越者、实用主义者和怀疑论者，部分大学表面上遵守政府按业绩衡量分配资金的建议，但行动却有限[24]。

国内高校均建立健全了科研绩效管理机制。徐蕾（2017）提出了信息化背景下高校构建多维度预算绩效管理评价系统，积极转变科研财务管理理念，发挥财务数据对科研绩效的诊断功能[25]。苑泽明等（2018）分析了2012～2016年京津冀高校的科研创新绩效，发现三地所有高校的科研资源配置能力和资源使用效率还有较大的上升余地[26]。李彦华等（2019）对2014～2017年中国“双一流”高校科研效率现状和内部差异采用DEA-Malmquist模型分析测算，认为保持科研效率总体水平的提升，技术进步指标是可持续发展的关键[27]。张宝生等（2021）研究认为高校研发经费的投入强度、研发人员的投入规模对科研产出并不存在显著的线性关系，而有着显著的双重门槛效果，研发经费与人员之间有着最优配置区间。随着人均科研经费增加，科研经费投入与科研产出呈正相关，但到一定限度后会转为负向作用；但随着研发人员的增加，研发规模与科研产出则由负向转为正向作用，而到达一定限度之后，这种正向作用又会减弱。当人均科研经费超过一定规模限度后（第二门槛值），会对科研产出产生负面影响，形成经费冗余和规模非有效现象[28]。

（四）从经费监管分析

国外高校均采用“内控＋外监”模式对科研经费进行监管，美国采用单一审计制度，以合同为核心的高校科研项目全程管理，且已实行全面预算管理，项目结束后仍以与预算的相符程度作为评价的重要指标；德国则实行严格的审核管理机制，对公立科研机构财务通过每年的年度报告进行监控，比较刻板，注重事前评价；英国对所有科研项目经费均采用OKRI方式统筹监管，采用REF科研评价模式进行评价[29]；而法国用项目评价机制进行监管、跟踪；日本不仅重点监督科研经费的使用过程，而且对预算执行情况严格管理，若需调整预算，就必须经过政府主管部门批准方可执行[13]。Sullivan（2017）指出为了防范科研经费使用风险，如果内控、外部监督管理流程设置合理，则不会引起争论及反感[30]。

我国对科研经费的监管没有设置专门的机构，高校基本上以行政化管理为主，内部控制作用较弱，缺少权力制衡机制；政府各大部委及同级拨款单位或其委托的社会中介机构均会按照政府制定的相关法律法规和已签订的科研合同的具体规定进行监督，实行责任追究制度。姚洁（2016）提出政府对纵向科研经费的监管应该将部分权限交给第三方代办机构[31]。何维兴等（2020）提出科研项目经费使用“包干制”一定要坚持事前管理以预警为主，事中控制有疑从无，从严强化事后监督，加强内审外监体系的建立[32]。卓越（2020）提出高校应当明确科研经费监督目标，建立内控制度[33]。王芬（2021）提出科研经费监管的核心应放在核算过程，在权责发生制的基础上加强对科研经费的管理，核算人员应该提高业务能力，正确处理好科研经费与经费监管的关系[34]。孟凡斌等（2022）提出高校科研经费内控关键在于健全经费预算制度，提高专业人员预算编制水平，只有建立科研与财务人员共同编制预算的机制，才能全面推行预算管理政策[35]。

综上所述，国内外高校科研经费管理均坚持以政府提供科研经费为主，多渠道筹资投入；以加强科研经费管理，提高科研经费使用效率，建立科研激励机制，调动高校科研积极性为重点，同时建立健全科研经费监管体制。

二、协同治理的国内外研究现状

（一）从协同治理内涵分析

联合国全球管理委员会对协同治理的定义是，公或私的个人和机构经营管理相同事务的诸多方式的总和，它是使彼此冲突的差异利益主体得到调和，并且采取联合行动的持续过程，其中既包括具有法律约束力的正式制度和规则，又包括各种促成协商与和解的非正式制度和规则[36]。而 Dallas（2015）指出协同治理是多元主体间共享信息资源，共同行动的有机体；在政治和政策领域，它可能有助于公共管理人员在合作治理安排内促进更大的合作和了解[37]。Scott 和 Thomas（2017）通过探讨协同治理机制对协同治理制度的优劣影响进行判断，指出加强与主体面对面的沟通、理解主体共同面临的困境和提高其他行动主体参与意识的协同治理制度，并与这些主体通过参与协同治理过程而获得财政、人力和技术资源的能力有密切关联[38]。Annette Quayle 等（2019）指出协同治理是一种在利益相关者共同参与的前提下，为政策和服务创新等公共问题提供合作治理框架，使这些问题得以解决，并指导未来针对重大挑战的跨部门合作[39]。

国内学者大多将“协同”＋“治理”两个合成词等同于协同治理，认为协同治理理论是在治理理论基础上衍变而来，两者存在着特殊与一般关系，但后者较为宏观。何水（2008）指出协同治理是一种处理社会公共事务的理想模式，可以促成“1＋1＞2”的效能[40]。郑文堂（2019）指出自然科学的协同理论与社会科学的治理理论交叉融合即为协同治理，寻找有效的治理结构，形成多元主体之间相互合作才能产生“1＋1＞2”的治理效能[41]。单学鹏（2021）指出协同治理的含义是为了解决在政府、企业、社会组织和公民等不同利益主体间存在的某些问题，选择合适的方法实现多元主体的相互联动，并制定相应的决策，使其共同享受权利且承担相应责任的过程[42]。潘启亮等（2022）指出多元主体协同治理在高校科研经费管理中的有效性，既能回应单一主体的政府管理模式和困境，又能高效地解决制度设计中的相关难点，包括各主体之间的纵向协同和各主体内部的横向协同，以强化高校科技资源的整合利用、诚信及监督等[43]。陶国根（2022）指出协同治理是通过对国家、组织、公民等多元主体之间的资源和要素进行优化配置，促成其相互合作的最佳态势以实现善治[44]。

（二）从协同治理价值分析

Pelton（2002）指出协同治理可以让原已处在竞争状态的各个行为主体向合作共赢关系方向发展，因为协同关系的存在将这些行为主体构建成了内在关联的利益共同体，从而确立它们的共同行为目标，以降低治理环境中由这些主体的行为选择带来的各种不确定性；同时，通过这些行为主体之间的资源整合配置，共同提高了团体治理能力和整体治理效能[45]。Anssel 和 Gash（2018）提出协同治理是一种通用的策略工具，是谋求公共利益实现过程中的一种合理性制度安排，通过协同使多个网络及项目建立和成功，使协同治理得以扩展，它更有利于社会公共资源的配置、社会运行秩序的建立、社会矛盾的化解并增强权力系统合法性的价值[46]。Bartz 等（2021）采用 Veb of Science 数据库，以“协同治理”为检索词，发现对话和领导对于创建和维持长期协同治理模式至关重要；协同治理环境充满了谈判，旨在实现对新机遇和学习的相互理解，从而成为创新[47]。胡钊源（2014）指出中国社会的协同治理必须构建多元主体参与、共建共治共享的理念，以应对和处理复杂的社会问题[48]。刘锐（2022）指出协同治理的民主价值在于把政府与公共利益代表者——社会组织协同起来，以商榷公共利益的问题[49]。

（三）从协同治理机制分析

Ostrom（2000）指出清晰的制度边界是有效治理的实现前提，它包括多元利益相关主体和可动用的资源范围界限等要素；协同治理的制度设计与运行既要有共同商议好的惩罚机制，又要有信任机制与行为规范机制，这是因为其效能来源于不同的主体之间信任承诺的兑现，设计惩罚措施对政府与社会组织的行为起到很好的指导和约束作用[50]。Emerson 等（2014）的研究结果拓宽了协同治理的结构和参与主体的行动范围，提出多主体治理的模式[51]。Siddiki 等（2017）从社会学习的关系与认知维度研究协同治理效果，并确定持续影响治理效果的结构和程序要素；认为对协同治理中存在的多样性进行详细分析时，理解不同利益相关主体的治理机制设计和利益推进均具有非常特殊的价值[52]。Chris（2018）提出协同治理是一种结构式设计，需要明确组织结构和相应的决策机制[53]。Bryson 等（2019）指出在日益复杂的治理环境中，合作的规则设计能否成功取决于领导力和沟通渠道，对决策者、行政人员和其他类型的人员参与组织间的协作治理必须是有效的[54]。Emma（2022）对荷兰的洪水风险合作治理案例，采用过程追踪法进行研究，分析验证其合作动力导致综合产出的假设因果机制，证实了原则性参与、充分共享动机和广泛的联合行动能力的动态相互作用是与研究案例中的成功产出相关联的因果过程；同时，该研究也表明一系列预先确定的联合行动能力，特别是发起的领导、程序安排和资源对于此机制的运作至关重要，从而使公共行政人员利用协同治理环境来整合不同的部门利益，并提供单个组织无法单独提供的公共产品[55]。

邓新位（2014）研究了代建制模式下的治理结构及机制，认为公共项目治理理论为政府公共资金投入项目的治理体制改革提供了有益思路；指出在谋求实现公共利益的过程中，协同治理是一种合理性制度安排，它为公共治理注入了更多的民主内涵，使公共治理的公共性得以延伸，其实践价值在于优化社会运转秩序，促使公共资源合理配置，消除不良的社会矛盾[56]。刘新平等（2018）指出政府跨部门协同是政府解决复杂公共问题的重要手段，但它的有效性也受到行政改革和公职人员个人关系的影响[57]。王政等（2021）指出多主体相互参与的协同治理运行方式有协商、协调、协作、协同，形成公共服务供给机制创新[58]。

（四）从协同治理主体分析

Jessop（2019）指出政府作为不同主体之间进行交流对话的主导主体，是担负着确保各个主体的子系统在某种程度上落实团结一致的总体组织；同时，它作为制定这些规章制度的主体，会使各有关主体遵照执行已制定的规章制度，并帮助实现各有关主体的目的，若各个主体的子系统行动出现不成功的状况，政府作为最高权力机构，有责任采取补救措施，所以政府主体是协同治理制度设计产生效能的最后屏障[59]。Bing 等（2019）特别强调对各参与主体的权力与信任的复杂关联采用更多元、多层次的案例去验证探究，在协同治理实践中，强化治理主体的权力和信任来促进其协同治理[60]。Clarke（2017）通过探索性研究比较了传统的以国家为中心的合作模式和新兴的民间社会合作模式，提出政府作为主体完全有资格成为主体群的“道德行为”的最后裁判角色，但在此框架内，它与其他社会组织主体相同，必须诚信与践诺[61]。Hui Iris 等（2021）研究指出政府部门、企业、社会组织和公众、个人等不同类型的主体都能参与协同治理，协同治理涉及政府和非政府行动者之间的合作，它的出现成了传统政府运行管理的替代方案，因而具有包容性[62]。

张宏伟（2015）指出社会组织主体的存在对于依法行政和民主政治发展具有非常强劲的推动力，它不仅持续监督政府部门及其工作人员的行政作为，还监督市场经济秩序[63]。熊光清（2018）研究指出，在我国政府治理和社会治理实践中，中国共产党是主导主体[64]。林光祺等（2020）指出拥有不同属性的政府与社会组织作为不同主体，双方在社会治理中不是命令与服从关系，而是享有同等待遇的话语权力和参与权力，这是建立在政府部门指导社会组织运行根基上，形成共生性相互依赖，双方需要借助各自的资源优势在公共利益的统一目标下协作完成[65]。肖克等（2021）指出我国协同治理主体包含政府、社团、单位、组织、市场、公民六大类，它可以发挥政府主体的公共资源优势，集合所有社会主体的积极因素去解决公共问题[66]。在国内公共治理项目中，政府部门在协同治理中担负着行动方向的最高领导决策者、政策制度的供给者、社会力量的黏合剂、协同网络管理负责人等职能。李庆瑞等（2022）指出无论是政府改革还是社会选择的需求，在协同治理架构中，政府都是制度建设的组织者，当制度失灵时，它又是公共利益的最后补救者[67]。

（五）协同治理在高校科研方面的尝试

国内学者对高校科研领域也做了一些探究。张淑玲（2009）研究了高校财务部门与科研部门、科研项目团队之间协同的方式，认为3个主体之间要建立起交叉融合的交流学习机制，实现科研和财务管理系统的信息化沟通，才能完美协同科研管理工作[68]。卢黎（2014）指出协同就是加强高校内与科研经费管理相关部门的互动、交流、合作，合法合规地进行全方位科研经费管理[69]。张栋梁（2018）指出基于流程再造，按照纵、横向科研项目特点和具体管理要求，加强其管理责任；构建既能调动高校教师积极参与科研创新的热情，又有助于高校科研管理的法律法规约束程序，并覆盖纵、横向项目的科研协同管理平台[70]。王长峰等（2020）设计了高校科技治理“主体—资源—服务”三重网络结构系统，提出每个参与科技治理的主体提供各种科技资源，以信息化资源形成主体—资源网络，进而通过感知、整合、协同、优化调配其资源网络中的不同资源，为多元主体提供不同的治理服务[71]。上述研究结果和结论为本书开展高校纵向科研经费协同治理理论、实践和案例研究提供了从研究思路到逻辑分析的重要参考。

综上所述，作为一门后新公共管理时期兴起的交叉理论，协同治理在解决公共事务碎片化、网络化等问题上是卓有成效的，也是近年来的学术增长点，国内外的研究多集中于实践领域，但对其理论纵深的研究是相对缺乏的。与国外“协同治理”概念比较，国内“协同治理”概念更具包容性和价值导向性，建立与完善各行各业的治理体系，培养与提高治理能力现代化已成为国内协同治理领域的研究热点和发展趋势。目前，其研究热点主要集中在政府治理效果、治理结构优化、治理对象协同、区域协同创新等方面，成果数量逐年增多。而在高校纵向科研经费协同治理研究方面则存在着较大的空间，尤其是对协同治理模型和体系以及协同治理效果的研究尚属空白。因此，本土化的协同治理纵深拓展已进入了一个需要在具体实践情境中厘清内涵边界和概念属性并推动其路径建构和创新运用的新阶段。

第四节 研究相关理论

通过阐述委托代理理论、利益相关理论等基础理论以及管理学视域下的协同学、治理理论、协同治理理论等核心支撑理论的思想精髓与研究方法，进一步分析高校纵向科研经费治理创新实践中为什么需要协同？如何选择协同形式能具有很强的理论支撑力，这为构建高校纵向科研经费协同治理体系和模型提供前期理论铺垫，并据此完成本书研究的理论基础框架。

一、委托代理理论

经济学家Burley和Means在20世纪30年代就开创了委托代理问题研究的先河[72]。它是研究委托人与代理人之间代理关系的理论，是制度经济学契约理论的主要内容，被企业管理和社会公共事业管理普遍接受[73]。从理论上来讲，代理人应该完全依照委托人的所有要求完成委托人定好的目标；但在实际执行时，委托人追求低成本实现既定利益，代理人则追求高报酬且耗时少的利益，因此，这种矛盾必然使得双方对委托事项的理解存在差异。由于两者在利益目标、角色定位、信息把握等方面存在差异，故可能会导致后者出现背离前者意愿或损害前者利益的行为，或前者为了逃避有实力的后者会损害自己利益而选择实力较弱的后者使有实力的代理人无法得到代理机会来做这种逆向选择[74]。曹晓丽等（2012）研究指出目前国内公共事业项目的委托代理关系为纵向三层，即政府和公众之间、政府与项目管理主体之间、项目管理主体与承建主体之间[75]。因此，从委托代理理论入手来研究和分析高校纵向科研经费管理，自上而下分为三个主体、三重关系，分别是委托主导主体—依托监管主体—受托执行主体，即各级政府科技管理部门—高校科研经费管理部门—纵向科研项目团队，这有助于政府科技管理层面设计更完善和有效的纵向科研经费管理制度，三大主体构成了高校纵向科研经费委托代理关系[76]。当高校纵向科研项目批准立项后，各级政府科技管理部门及同级拨款单位通过高校科研经费管理部门与纵向科研项目团队负责人签订合同形成契约关系，由此产生了各级政府科技管理部门和纵向科研项目团队负责人之间的委托代理关系；而高校科研经费管理部门作为依托主体，期望受托主体——纵向科研项目团队既能产出更多更优的科研成果，又能合法合规地使用科研经费；纵向科研项目团队则期望自己的团队利益能够最大化。因此，三大主体之间的这种三层三重委托代理关系就决定了三者的各种不同利益诉求，存在着非对称信息的博弈状况，从而导致高校纵向科研经费的监管出现困境[77]。高校纵向科研项目团队负责人比各级政府科技管理部门更容易掌握经费的实际使用情况，因此，他们有可能会利用获得更多的信息优势来逃避高校科研经费管理部门的监管，这种信息失衡就有可能导致各级政府科技管理部门主体无法对纵向科研项目经费预算执行情况实施有效的监管，也使得高校科研经费管理部门作为各级政府科技管理部门的依托主体，与纵向科研项目团队负责人之间形成复杂的博弈关系，后者可能会因道德风险而夸大经费支出或虚报科研项目预算，从而带来纵向科研项目预算编制与实际需求脱节的可能性[78]。除此之外，在纵向科研经费管理中，各级政府科技管理部门和会计事务所及专家技术、评价单位等第三方之间也存在着委托代理关系。

二、利益相关理论

该理论起源于20世纪60年代的发达国家，并且快速扩展至美、英等国家的企业公司并转变为治理模式。该理论自20世纪90年代开始逐渐被应用于社会治理和公共管理等领域，成为组织行为识别和分析的理论框架及利益相关关系的理论依据[79]。1994年，加拿大学者Clarkson对此理论研究后认为可以从两个不同角度对其进行分类，一方面可分为重要型和次要型的利益相关者，另一方面可分为主动型和被动型的利益相关者，使其定义更加具体[80]。2006年，Callan从项目管理案例研究中得出结论：按其承担的责任可以分为四个类型，即执行主体、责任顾问主体、一般顾问主体、管理主体[81]。2023年，

P. Henrique 等研究认为在利益相关者的管理方面，寻求从公共价值的角度对利益相关主体进行识别和分类，这对开展公共、宗教或非营利组织绩效管理的实践者和政策制定者是有用的[82]。将利益相关理论应用在高校纵向科研经费治理中，最重要的就是对不同的利益相关主体按照其利益来划分。各级政府科技管理部门及同级拨款单位拥有影响科技创新目标达成的能力，每年大量的国家公共资金投入到纵向科研项目中，期望能极大地推动国家科技发展水平，实现科技强国的战略目标；高校科研经费管理部门期望高校在国家科技创新发展的驱动下，得到更多的纵向科研项目，培养更多的科技创新人才，产出更多科技成果并转化落地；纵向科研项目团队负责人则期望通过纵向科研项目的研究使自己和团队人员的专业知识和创新能力得到充分的发挥，实现个人贡献和社会经济收益。因此，三大利益相关主体的相互协同合作在高校纵向科研经费治理中体现出了各自的利益诉求、机构权力资源配置等核心要素[83]。

三、协同治理理论

（一）协同理论

协同现象和思想在我国古已有之，《尚书·虞书·尧典》的“协和万邦”，是协同的雏形，它表达了中国古代思想家对不同事物之间协同的认识程度。西方的 synergistic 一词来源于古希腊语，意思是互动、合作。早在 20 世纪 70 年代，哈肯教授作为奠基人强调协同学理论是研究空间、时间和功能结构在系统内部如何生成的，认为一个处于非平衡的开放系统在环境参数的改变靠近临界点时，各子系统之间的相互作用和竞争合作关系所形成的“序参数”支配着整个系统从“无序”向“有序”的“相变”过程，并形成单个子系统层次所不具备的架构和特征，这就产生了“1＋1＞2”的协同效应[84]。田玉麒（2019）研究指出协同是事物、系统及元素间维持整体合作的态势[85]。武俊伟（2019）研究认为协同有 4 个基本表征：①一致性目标：不同主体之间在构建某种关系并形成某种组织时，必然通过各个主体的共同目标作为纽带将其凝聚；②互惠性主体：在实现协同过程中主体协同的前提是建立在相互信任基础上的互惠，它们会排除其他目标与影响而实现利益共赢；③同享性资源：各个主体之间的人、财、物、信息、技术、知识等各种资源都会在协同过程中，被人为地重新划分配置整合，使得各个主体同享这些公共资源；④共担性责任：所有参与协同的主体必须共同承担责任以及由此带来的后果[86]。协同实践更多的是强调各个主体之间的协作，各个主体利用自身的资源优势，通过竞合，促进系统各要素形成有机整体，实现有序态势，从而实现协同效应的整体化。协同理论着眼于多元主体对社会公共事务的合作共治和社会利益最大化，因而与高校纵向科研经费协同治理实现条件与需求是相契合的。本书的研究对象是高校纵向科研经费，它同样是一个开放的、动态的复杂系统和自组织系统，遵循协同学规律。根据静态的协同理论，高校纵向科研经费协同治理效应应该是建立在对科技资源的充分利用和合理分配上，可以分为主体、过程、资金和服务等方面的协同。根据动态的协同理论，高校纵向科研经费协同治理的目标在于最有效地利用

“政府—高校—科技团队”所有的资源，包括环境、文化、人力、技术、资产、资金等，同时必须高效、低耗、快速、及时地创造充足的科技成果。

（二）治理理论

“治理”源于古希腊语，是指控制、引导；汉语的释义同样是控制、管理、掌舵的意思。近代中国将其从政治用词引申到社会、经济和管理等新兴学科。1997 年联合国开发计划署（United Nations Development Program，UNDP）对治理的定义为治理是各种公共的或私人的个人或机构管理其公共事物的诸多方式的总和，它是使相互冲突的或不同的利益得以调和，并且采取联合行动的持续的过程。[87]。E. Ostrom（2000）研究指出治理是社会公共资源分配和社会公共事务处理，是多元社会主体的自主治理，政府、市场、公民和其他力量参与即形成多中心治理的格局，每个参与主体都能发挥其处理公共事务、分配公共资源的作用[50]。星野昭吉（2000）研究指出治理主体与治理对象是一种平等与合作关系的平行治理模式，治理主体与治理对象的非对称性是一种对立的、不平等关系的垂直治理模式，后者更多体现为以国家或政府为中心的治理[88]。Jiang（2019）也将治理定义为政府内部系统治理，基于制度化规则的指导和协调，它是可以通过网络等其他因素实施运作的协调方式[89]。李健等（2022）研究认为治理是强调公民社会与政府一样拥有权力来源的合作关系，力图营建和谐处理公共事务关系的新规则和新秩序[90]。孟天广（2022）认为治理是在社会生活的各个方面都必须建立一个具有发展性的相互“沟通关系”的开放性系统[91]。治理的核心内涵是多主体协同，社会公共政策的制定就需要政府公共事业部门与社会、组织的充分沟通才能保障其决策的合法有效。治理体系结构是不同主体的制度结构，对于不同组织的治理模型，其治理效力是截然不同的[92]。治理的有效性是建立在合适的授权机制上产生激励机制，从而实现组织的治理目标[93]。蔡益群等（2020）研究指出政府是主导主体，允许其他组织参与，呈现多元性的治理结构；政府治理是运用政策工具，注重公众偏好，以服务为其治理导向[94]。治理的基本特征包括：①治理结构的有序性：政府协调多个利益相关主体的责、权、利，并联合各方采取各种行动的一种持续过程，既有正式规则又有非正式体制和制度[95]；②集体行动的自发性：加强多元主体协同，使主体之间达成思想共识是治理规则有效发挥作用的重要前提；③治理过程的自组织性：参与治理过程中多主体可以遵照博弈规则和约束机制进行资源信息等交换、协调和互动[96]。

（三）协同治理理论

协同治理理论的核心概念是协同、合作[97]。对于“协同”与“治理”偏正式词语的理解很大程度上影响着对其的认识。国内学者对此概念是界定不一的，多数学者将其视为自然科学里的“协同学”与社会科学里的“治理理论”之间的交叉复合理论，并从理论融合的角度寻求二者的耦合性，认为它是应对新时代复杂多变的各种治理危机而延伸的理论。协同治理模型中所对应的治理结构，与协同环境密切相关。现实中的协同环境，由有效信息、舆论引导与技术支持、法律约束等要素综合构成，对多元主体协同治理起着重要的支撑作用。在协同环境支撑下所产生的协同机制，支配诸多子系统的协同，并产生整体大于部分的协同效应，对于解除多元利益的困扰所致的治理失灵有着积极作用。国内协同治理的内涵是以政府为主导主体进行跨部门的行动，具有四个基本表征：①主体的多元性；②目标的一致性；③过程的互动性；④系统的调节性。它强调不同子系统或主体之间的协同。协同治理理论是随着我国经济社会及民主政治的不断发展及公民权利意识的觉醒而发展起来的，它创新了政府管理社会的方式，对政府治理模式提出了新的要求，是治理社会公共事务的理想方法和模式。

第五节　研究方法与框架

一、研究思路

目前，国内外学术界研究高校纵向科研经费协同治理的有关文献很零散，通过对近 20 年高校科研经费管理的相关文献检索发现，关于高校科研经费协同治理的研究刚刚起步，一些研究论证了科研经费效率及科技创新成果可持续发展之间相互促进的关系，另一些研究通过案例验证分析探寻了科研经费效率及科技创新成果的驱动力及影响因素，而建立在高校纵向科研经费的内控、绩效和监督管理基础上的治理模式与机制方面的研究虽然形成了一定的脉络，强调了治理的重要性，提出了治理的不同维度，但将协同治理理念完全嵌入高校纵向科研经费管理具体运作和协同治理的研究并不多，而且对高校纵向科研经费协同治理模型及体系的研究明显不足，缺少对高校纵向科研经费协同治理内在逻辑的分析，更缺乏从财务管理的案例验证角度对纵向科研经费在业财融合基础上的治理分析，即使有进行案例验证分析的文献也缺乏对其治理意涵的挖掘或剖析问题不够深刻，解决方案过于笼统等。当前，我国高校纵向科研经费管理普遍存在“纵向一条线”的现象以及高校纵向科研经费投入过多、使用效率不高、成果转化欠佳等现实问题，这决定了高校纵向科研经费管理必然向政府主导的多元主体协同治理转变的发展趋势。

通过主题词“协同治理”“高校”“科研经费”“纵向”对中国学术期刊网等网站进行检索发现，截止到 2023 年 12 月，尚未发现与本书题目完全相同的论文。以“高校”“科研经费”与“协同治理”作为主题词进行合并检索，相关研究文章数量较少（图 1-1）。但关于高校科技治理、高校科研协同治理、高校科研经费管理等研究还是有一些硕士、博士论文和论著值得借鉴，还未发现建立数学模型和理论体系研究的关于高校纵向科研经费协同治理的作品（图 1-2）。

故本书拟以协同治理理论为支撑，以高校纵向科研经费为研究对象，运用理论推导及数学建模等方法尝试从体系构建及案例验证、模型假设及验证、机制构建及效果评价体系、协同治理实现方式等 5 大方面对高校纵向科研经费协同治理进行系统深入的研究，以拓展国内高校纵向科研经费协同治理理论和实践研究。

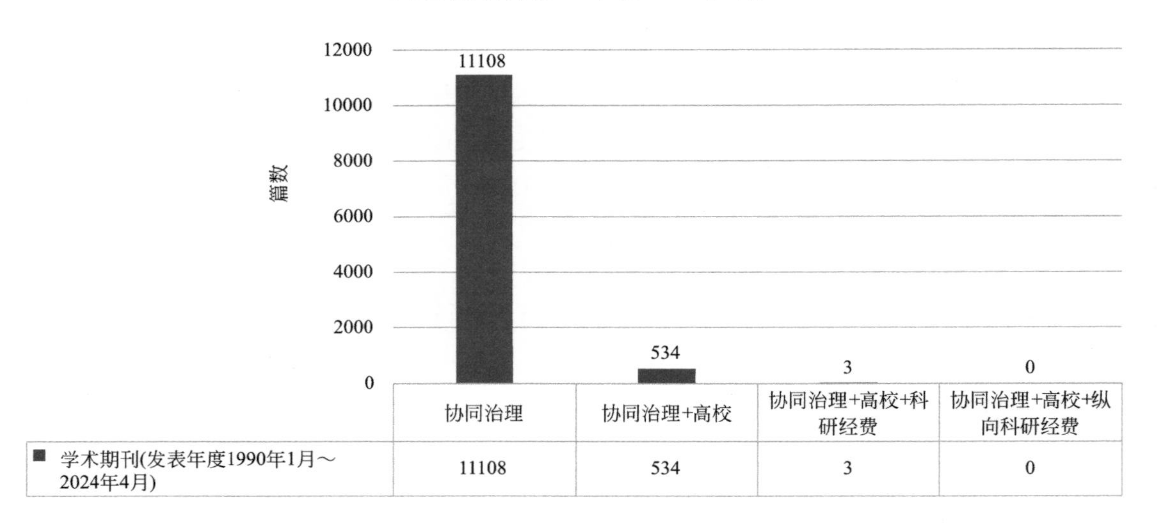

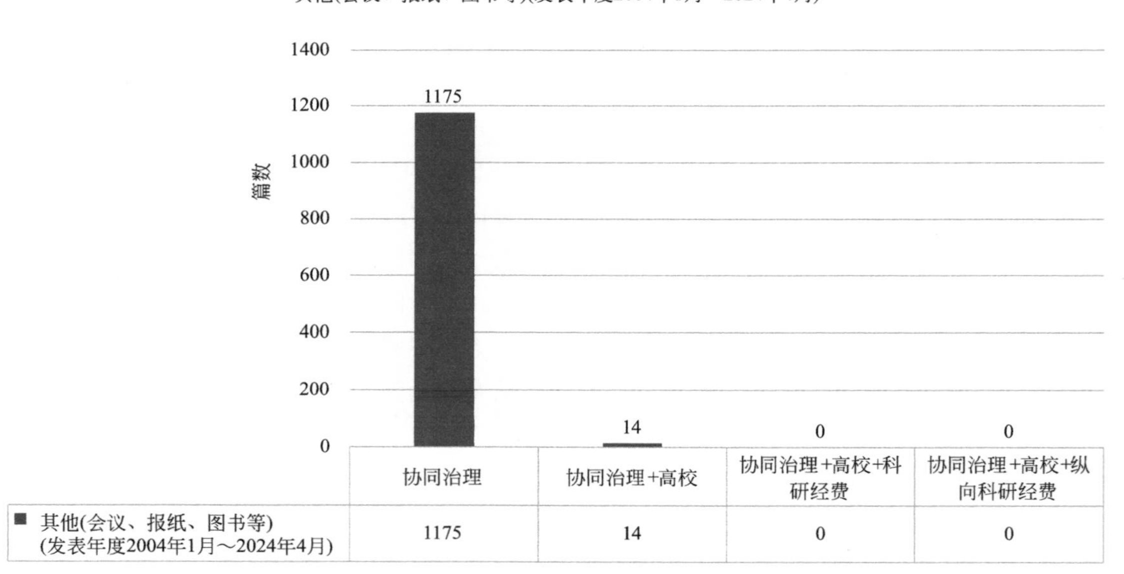

图 1-1　知网发表的协同治理相关文献数量（一）

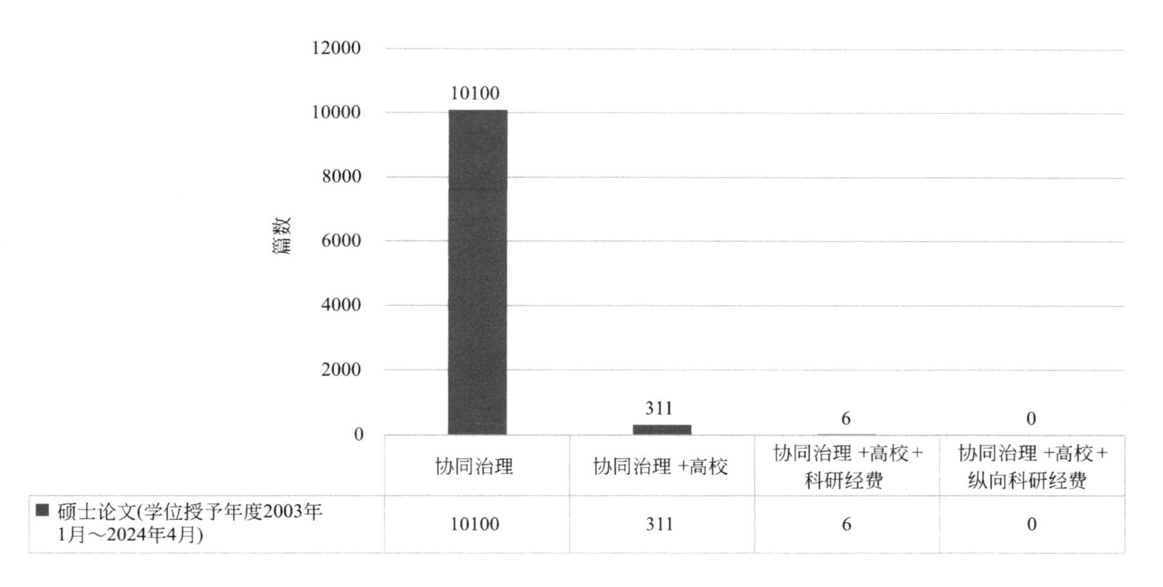

	协同治理	协同治理 +高校	协同治理 +高校+科研经费	协同治理 +高校+纵向科研经费
■ 硕士论文(学位授予年度2003年1月～2024年4月)	10100	311	6	0

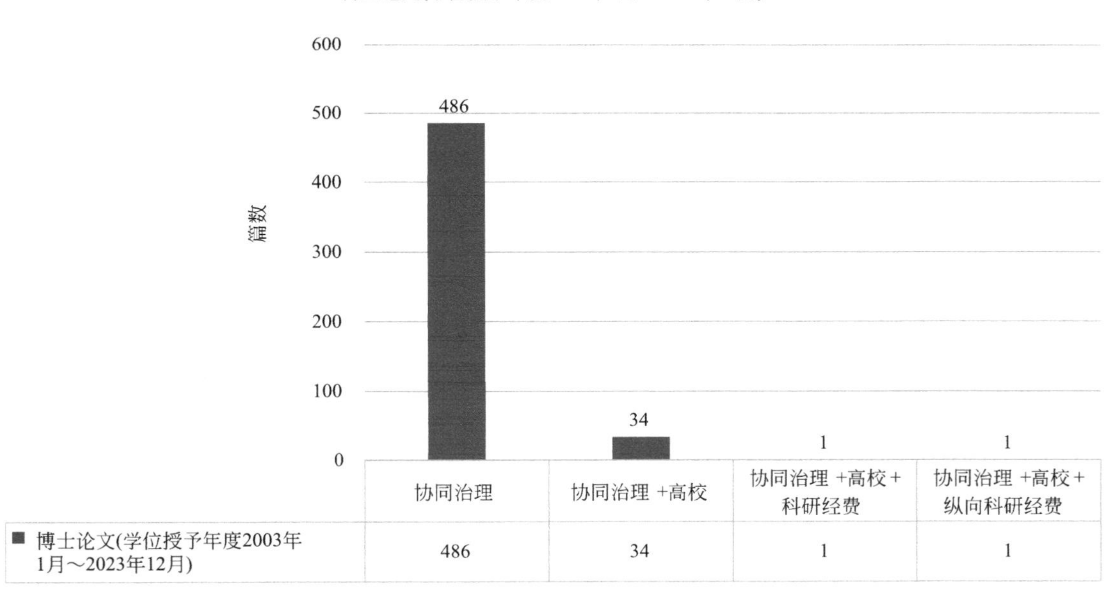

	协同治理	协同治理 +高校	协同治理 +高校+科研经费	协同治理 +高校+纵向科研经费
■ 博士论文(学位授予年度2003年1月～2023年12月)	486	34	1	1

图 1-1 知网发表的协同治理相关文献数量（二）

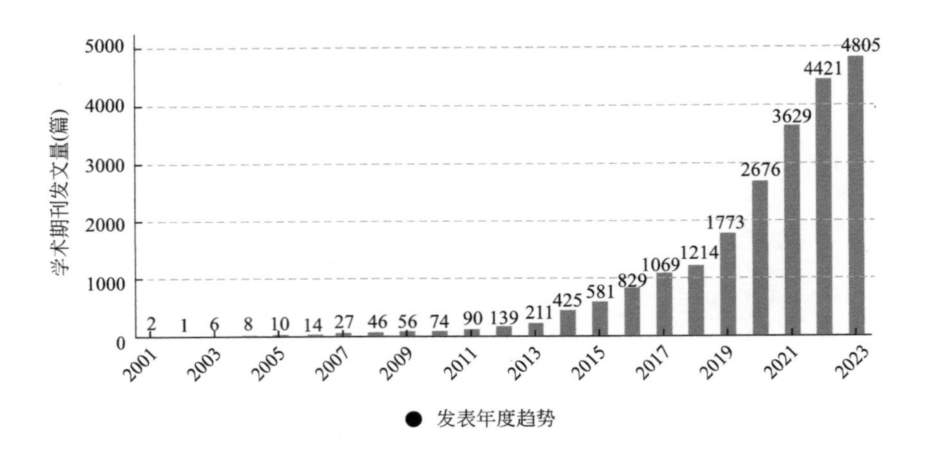

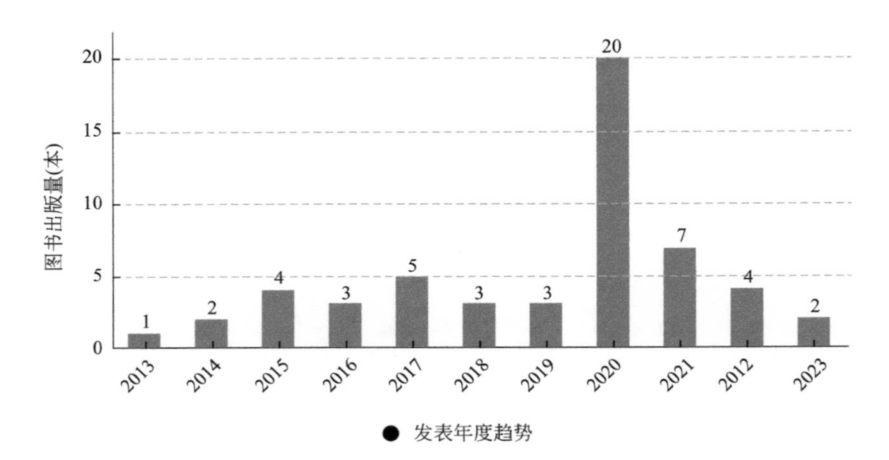

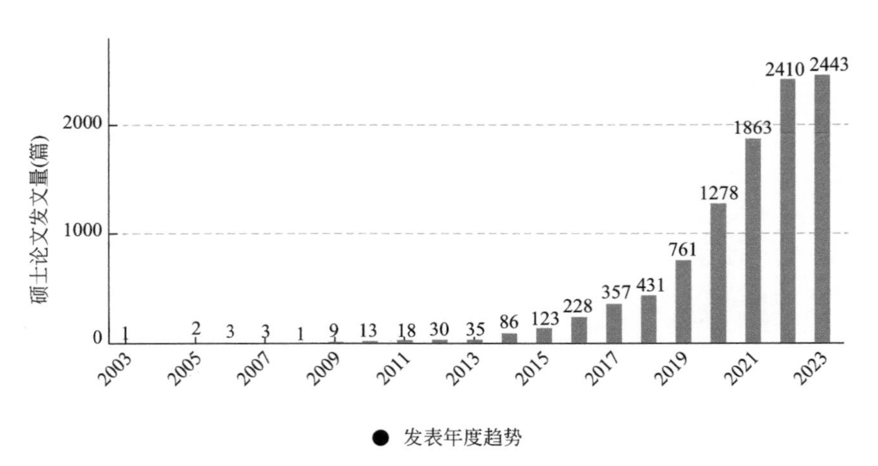

图 1-2　2001～2023 年知网收录的协同治理相关文献年度趋势（一）

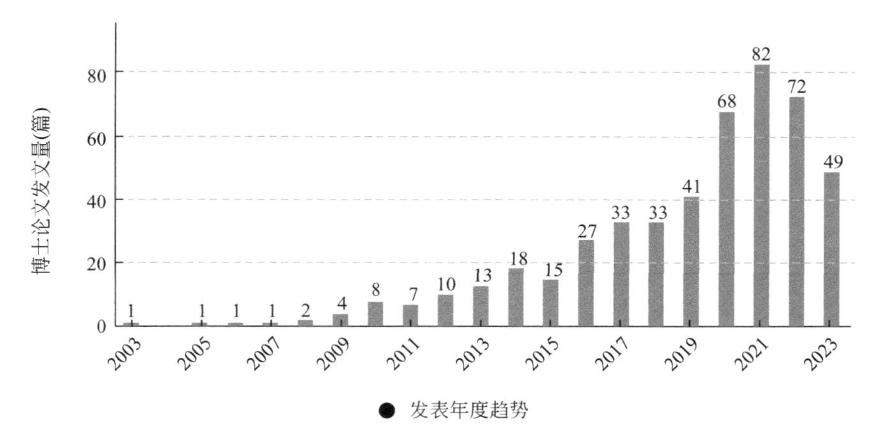

图 1-2　2001～2023 年知网收录的协同治理相关文献年度趋势（二）

二、研究方法

（一）收集资料的研究方法

1. 历史文献法

围绕本书主题，笔者通过万方、维普、中国知网等中文学术文献数据库，以及百度、搜狐等搜索引擎，全面查阅国内外相关资料，为本书的文献综述和理论构建提供了充分的研究资料。同时，通过文献法收集的研究资料包括与本书相关的专著、论文、统计资料、调查报告和档案资料等。总结前人研究成果，梳理已有文献，系统地了解前人构建模型的机理以及建立指标体系的方法等。

2. 问卷调查法

采用问卷调查法，通过对各级政府科技管理部门主要负责人、经验丰富的纵向科研项目团队科研人员、高校科研经费管理部门负责人进行问卷式调查，对相应的参数进行定性评判和打分。这种方法既解决了精确数据相对缺乏的困境，也符合协同治理“有限理性”的基本思想。以此作为数据基础，根据不同问卷的结果初步确立层次结构。

（二）分析资料的研究方法

1. 统计学方法

运用 SPSS23.0 版对 3 种调查问卷收集的原始数据进行可靠性评价，验证了结果的内在一致性，简化了计算步骤，提高了定性分析的科学性。运用 MaxDEA7.6 版做数据包络法（DEA）分析静态和动态科研效率；运用 AMOS26.0 版做结构性方程式（SEM）及验证性因子分析、中介作用计算判断其模型科学性；运用 MATLAB8.5 版进行模糊层次综合评价（FAHP），测定协同治理效果；运用熵值法及子系统有序度和复合协同度评价协同度，为高校纵向科研经费协同治理模型和体系构建提供数理支撑。

2. 案例验证法

本书选择了全国6大类高校2015～2021年的纵向科研经费关键投入产出数据，基于BCC模型对其科研进行静态效率评价，基于DEA-Malmquist指数对其科研进行动态效率评价；以其中S高校为研究实例，定量分析高校纵向科研经费治理中协同治理效果和协同度，并针对结果进行分析，选择29所高校进行问卷调查，对本书构建的高校纵向科研经费协同治理模型验证其科学性。

三、研究内容

第一章：绪论。分析了我国高校实施纵向科研经费协同治理的理论和现实背景及目前管理困境，提出所要解决的问题，阐明研究目标及理论与实践意义，并确定研究思路、方法及技术路线；同时，对国内外高校纵向科研经费和协同治理研究现状进行梳理总结；最后，阐述了与高校纵向科研经费协同治理相关的基础理论，为后续的理论与实践研究提出明确目标和框架。

第二章：高校科研经费管理概述、困境及使用效率评价。概述了高校纵向科研经费的管理内涵、结构、特点与原则、管理发展历程、相关法律法规、制度政策的变化趋势和高校纵向科研经费投入与管理现状及全国6大类高校科研经费使用效率；其结果证实了现有的高校纵向科研经费管理滞后；需要采取新的协同治理模式，以提高高校纵向科研经费管理水平。

第三章：高校纵向科研经费协同治理体系构建。论述了高校纵向科研经费协同治理内涵、理论特征及其主体分析。通过文献查询从与高校纵向科研经费管理相关的协同要素中筛选关键要素，采用主因子分析出主体—过程—资源协同要素构成，参照模型的运作方式，剖析了主体—过程—资源协同形成机制和困境，提出解决困境的办法即协同治理，同时阐明此方法的必要性；构建了高校纵向科研经费治理中主体—过程—资源协同体系的三维架构，并详细分析了主体—过程—资源协同的实现。

第四章：高校纵向科研经费协同治理模型构建。首先，借鉴国内外协同治理研究模型的不同特点，按照国内高校纵向科研经费管理内容及特征，构建了基于SFIC模型的“立体式多主体协同治理运行过程”模型。其次，选取协同环境、协同动因、协同主体、协同资源作为自变量，协同过程作为中介变量，协同治理效果作为因变量，通过结构方程拟合指标判断验证性因子模型的有效性，明确了各变量影响协同治理效果的多条正向路径及关系，验证了该模型的科学性。

第五章：高校纵向科研经费协同治理机制构建。首先，界定了高校科研经费协同治理机制的总体框架和协调机构，通过剖析动力机制、运行机制、保障机制三方面来论述高校纵向科研经费协同治理机制；其次，分析了内部动力机制和外部动力机制的要点，同时阐述了由一系列的科研经费协同治理活动及措施组成的运行机制，确定了保障机制是动力机制与运行机制正常运作的基础，是协同治理得以实现的重要保障。

第六章：高校纵向科研经费协同治理效果评价。基于前章构建的体系、模型和机制内容进行两轮的问卷调查，确定高校纵向科研经费协同治理效果评价体系，运用 MATLAB 软件进行层次法主观赋权后，对各级指标进行模糊层次综合评价，结果呈现过程协同>资源协同>主体协同，其中核算>结算>思想>配置>预算>能力>整合>职责协同依次排序；通过案例验证分析并得出高校纵向科研经费协同治理效果的静态评价结论。

第七章：高校纵向科研经费治理系统协同度测定。基于前章构建的高校纵向科研经费协同治理效果评价指标体系，构建了高校纵向科研经费治理要素的子系统有序度及复合协同度模型，基于熵值法进行评价指标的客观权重赋值，并进行案例验证测度。根据测度结果使用系统协同度模型对各级指标进行动态评价，发现复合协同度在经费取得、使用、结算 3 个阶段处于低度→中度→高度协同的正向发展形态，而子系统有序度在 3 个阶段处于资源协同>过程协同>主体协同的正向趋势，但相邻各阶段之间的复合协同度和子系统有序度仍然较低，揭示了高校纵向科研经费协同治理体系复杂、动态的共同规律。

第八章：高校纵向科研经费协同治理的实现方式。以“正向协同为导向”探索性提出以下协同治理方式：通过科学设定主体协同目标，强化主体平等信任合作，加强主体思想意识教育，明晰协同治理主体责权，执行主体联动规章制度，规范建立治理评价体系等构建主体协同实现方式；通过在经费取得、使用、结算三大阶段的预算—核算—结算三环节协同来构建过程协同实现方式；通过健全高校科技内外环境及科研经费管理机制，贯彻落实科研管理制度，强化规章促进组织建设，协同监督问责约束机制，整合内外资源促进服务等构建资源协同实现方式；最后，通过主体—过程—资源三维度来构建全面协同实现方式。

第九章：研究结论与展望。

四、研究框架

本书按照“发现问题→理论支持→分析问题→案例验证研究→解决问题”的逻辑，对我国高校纵向科研经费协同治理进行理论研究和案例验证分析，以期揭示我国高校纵向科研经费协同治理特征与运行规律，为我国高校纵向科研经费协同治理研究提供理论依据与实践指导。

本书具有明确的研究意识，围绕高校纵向科研经费协同治理的核心问题展开研究，试图回答以下 4 个问题：①筛选什么核心协同要素构建高校纵向科研经费协同治理体系？②通过什么方式验证协同治理模型假设？③用什么方法对协同治理效果及协同度进行评价？④通过什么方式实现协同治理？具体如下：

首先，与横向科研经费及其他组织赞助的科研经费相比，纵向科研经费是高校承接大量的政府部门和国家自然科学和社会科学基金等委托的科研项目拨款，这就要求既要合法合规地使用此类科研经费，又要确保科研人员“自主权”落地见效，并激发科研创新活力。在政府简政放权与国家科技政策改革双重叠加的背景下，高校如何化解“接得稳、管得住、用得好”的纵向科研经费管理困局与风险防控难点，如何进一步促进委托主体——

各级政府科技管理部门及同级拨款单位、依托主体——高校科研经费管理相关部门、责任主体——纵向科研项目团队紧密协同合作，打破高校科技治理体制和机制障碍，筛选出协同治理核心要素，构成协同治理维度，拟建立一种科学、可行的高校纵向科研经费协同治理体系？

其次，如何立足本土化的国情，加快建设“双一流”高校，完成党和国家、人民交给我们的突破关键核心技术、实现科技自立自强的国家科技创新重任，在共同的科技环境和协同动因驱动下，参照国内外协同治理模型，建立高校纵向科研经费协同治理模型，探讨各个相关协同要素与协同治理效果之间的关系和路径方向，从而实现高校纵向科研经费协同治理的科学目标？

再次，如何在现有的科技制度和环境下，通过健全高校纵向科研经费协同治理结构，运用高校纵向科研经费协同治理机制，更好地破解高校纵向科研经费治理现实困境，构建科学、合理、适用的评价指标体系，评价我国高校纵向科研经费协同治理效果和系统协同度？

最后，如何通过构建主体—过程—资源协同的全面实现方式，更有效地提升高校纵向科研经费协同治理效果？

本书围绕上述 4 个问题进行展开，深入分析高校纵向科研经费管理现状和困境，对比分析不同案例协同治理的模型框架特征，进一步探索构建高校纵向科研经费协同治理体系、模型及机制，根据其框架内容，设计其效果评价体系并进行验证，最后提出全面实现协同治理的合理化建议，以促进高校纵向科研经费协同治理目标的实现。

本书的研究技术路线围绕高校纵向科研经费协同治理体系、模型及机制构建，引入协同治理理论作为核心支撑理念，在国内外相关研究分析的基础上，按照“问题界定和问题诊断去识别和构建高校纵向科研经费协同治理主体结构—基于主因子分析优选提取关键协同要素构建高校纵向科研经费协同治理体系—基于 AMOS 结构方程式优选协同治理正向运行模型—基于模型及体系构建内容建立协同治理机制，并构建协同治理效果评价体系，以案例动态和静态验证其科学性和适用性，最后根据上述结果提出高校纵向科研经费协同治理实现方式”的主线逐项进行研究，详见图 1-3。

五、创新之处

本书在国家科技政策改革背景下，紧扣高校科技与财务治理融合这一前沿问题，针对“政府—高校—科技人员”三大主体群参与的高校纵向科研经费协同治理进行深入剖析，实现了以下四个创新点。

一是以高校纵向科研项目的三重委托代理关系为基础，将高校纵向科研经费作为研究对象，构建了基于协同治理理念的高校纵向科研经费协同治理的主体结构，以其职责、作用及共识分析了该结构的合理性。

二是聚焦高校纵向科研经费协同治理环境和动因，从主体—过程—资源协同运作出发构建模型，以探讨其与协同治理效应间的变量关系和路径，验证了该模型的科学性。

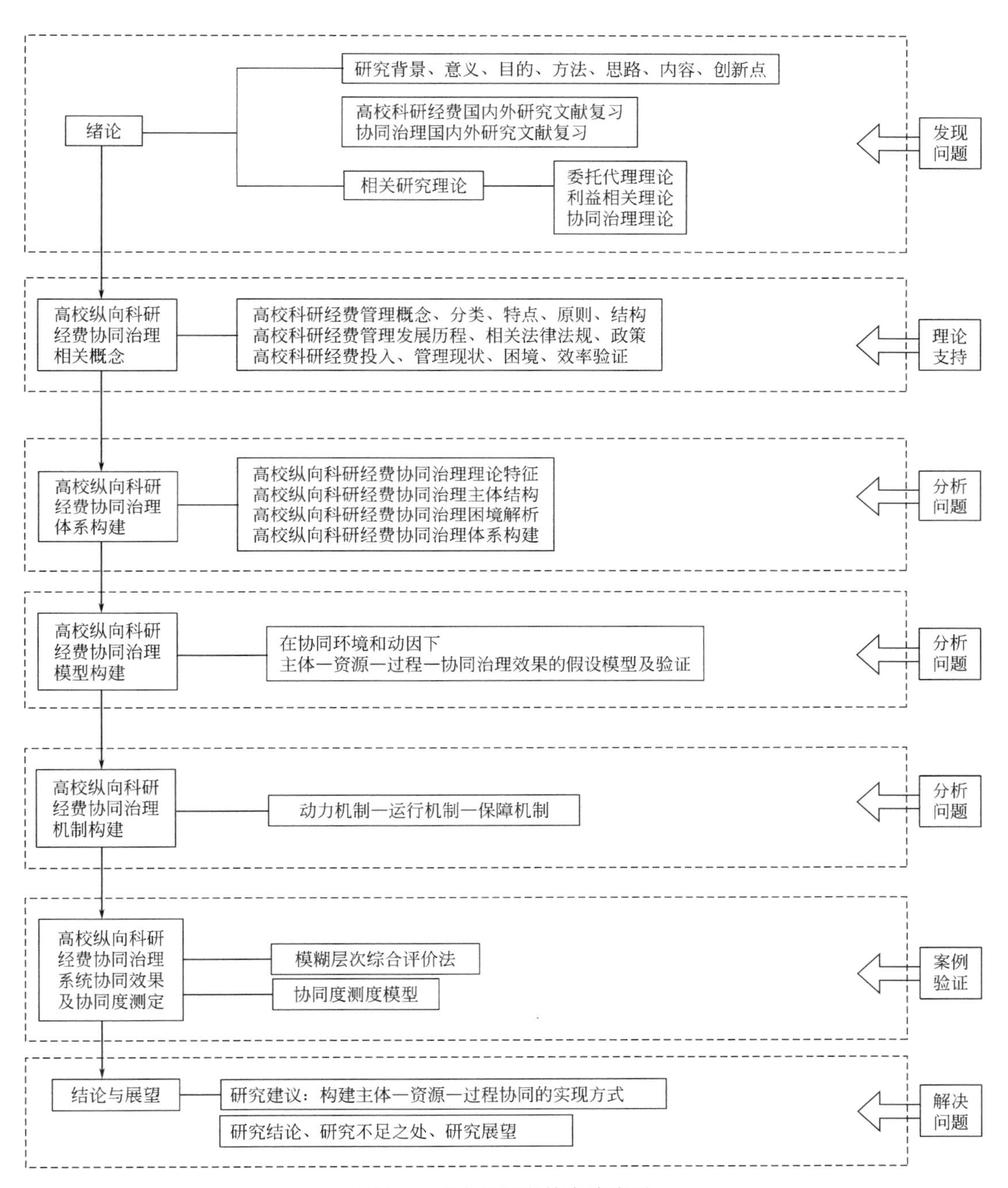

图 1-3 本书的研究技术路线图

三是构建了“目标统一、责任共担、权利同享、资源整合”的高校纵向科研经费协同治理体系，动、静态评价协同治理效果和系统协同度，验证了该体系的适用性。

四是依据体系和模型构建及实证结果，提出从“主体—过程—资源”三维度实现高校纵向科研经费协同治理，阐明了运用协同治理理论的必要性。

第二章　高校科研经费管理概述、困境及使用效率评价

本章简述了高校科研经费的概念、分类、管理特点及原则，梳理了高校科研经费管理发展历程、相关法律法规及制度政策的变化，描述了高校科研经费管理体系结构及管理状况和存在的困境；统计分析了近5年全国6大类高校科研经费使用效率，为构建高校科研经费协同治理体系提供了真实的高校科研财务管理研究依据。

第一节　高校科研经费管理概述

一、高校科研经费管理概念

以高校或者教师个人名义承担的发展科学技术事业而支出的费用，由各级政府、企业、民间组织、基金会等通过委托方式或对申请报告的筛选来分配的科研经费拨款即为高校科研经费[98]，在高校科研活动中涉及的人力、物力、财力、业务管理费用，均被称为高校科研经费[99]。依照科研项目组织管理机构及同级拨款单位的来源划分成纵、横向科研项目经费。

纵向科研项目经费（Vertical Research Funds）：也称为专项科研经费，即各级政府科技管理部门按照国家发展规划和科学创新需求确立的各类计划项目拨款。主要包括国自然、国社科和国家发展改革委、科技部、教育部等部委以及各省、市、地级政府科技管理部门审批立项的科研经费[100]。

横向科研项目经费（Horizontal Research Funds）：也称为高校自筹科研经费，即高校承接各个企事业单位、非政府机构、组织或个人委托的科研任务而获得的科研经费。

二、高校科研经费管理内容

1. 管理结构

按照各级政府科技管理部门的规定要求，各高校均构建了适合高校科技创新发展的一整套纵向科研经费管理结构。从表2-1可以看出管理主体分为①主导主体（即委托主体）：各级政府科技管理部门及同级拨款单位；②监督主体（即依托主体）：高校科研经费管理部门；③执行主体（即受托主体）：纵向科研项目团队[101]。

高校纵向科研经费管理结构 表 2-1

部门	管理分工	责任
政府科技拨款单位	制定各种纵向科研项目指南和提供经费	承担科研管理及监督、委托经费责任
高校领导	科研经费管理的监督(依托)主体代理法人	承担对科研经费管理领导和监管责任
科研部门	负责科研项目的日常管理与科研合同管理,指导项目编制预算,管理项目经费的执行和使用情况、项目进展和开题结题,成果鉴定	承担科研管理责任
财务部门	负责科研经费预算审核和会计核算及财务管理,科研经费使用、报账、结题审核、指导和监督科研项目团队负责人规范使用经费	承担财务管理责任
资产部门	负责对科研经费购置的固定资产进行招标购买并登记造册	承担资产管理责任
审计部门	负责对科研经费使用实施定期常规审计,经费使用合理性审计监督和评价	承担审计监督责任
纵向项目团队负责人	科研项目的规划、经费预算与决算编制、经费使用、项目进度及经费使用进度	承担科研经费的经济责任与法律责任

2. 管理特点

包括以下方面：①实行项目统一管理：高校科研及财务部门承担着科研管理监督责任，将纵向和横向科研项目的科研合同统一归口管理，指导科研项目预算、核算、结算、绩效评价。②实行层级分工管理：高校领导层面负责科研统筹规划，承担对科研经费管理领导和监管责任，各院系、科研管理部门及科研项目团队依照各自分工承担执行责任。③实行主体责任到人：无论是使用科研经费的科研项目团队，还是高校经费管理部门，从经费预算、核算到结算管理均要人尽其责，真实、合法、有效地支出经费，接受审计监督[102]。

3. 管理原则

专款专用原则：纵向科研项目团队通过高校申请科研项目，立项后所得拨款的使用范畴、支出比例必须严格执行纵向科研项目主管部门的批复并单独核算，不得挪作他用。

效益优先原则：高校纵向科研经费管理目标是提高科研经费使用效率，产出更多发明专利和成果，力求以最低经费成本实现最高效益产出。

符合法规政策原则：高校在使用纵向科研经费时必须遵循国家的法律法规及科技政策，坚持纵向科研项目责任制，在具体项目经费使用时还要符合国家财务制度。

4. 管理相关法律及政策

我国自 1993 年到 2002 年先后颁布了 6 部法律（表 2-2），对于规范科研经费管理都有着明确的规定[103]，并且在 2004～2021 年进行了内容更新。这 6 部法律的颁布是深化国家政治、经济改革，实施科技创新战略的需要[104]。

高校纵向科研经费管理的相关国家法律汇总　　表 2-2

序号	法律法规名称	核心内容	颁布时间	修订时间
1	《中华人民共和国会计法》	明确规定科研经费会计核算中应遵守的会计准则及法律法规	1999 年 10 月 31 日	2017 年 11 月 4 日
2	《中华人民共和国审计法》	明确规定科研经费的使用应依法接受有关部门的审计	1994 年 8 月 31 日	2021 年 10 月 23 日
3	《中华人民共和国预算法》	明确规定科研经费预算管理中权力和义务的关系、预算开支的范围、预算编制、执行、调整、监督及预算的法律责任	1994 年 3 月 22 日	2018 年 12 月 29 日
4	《中华人民共和国票据法》	明确规范不同类别科研经费划拨、入账应开具的发票及相关票据的处理依据	1995 年 5 月 10 日	2004 年 8 月 28 日
5	《中华人民共和国科学技术进步法》	明确国家科研经费的投入范围和对财政性科研资金的管理、监督、检查；任何组织或者个人的违法虚报、冒领、贪污、挪用、截留科研资金	1993 年 7 月 2 日	2021 年 12 月 24 日
6	《中华人民共和国政府采购法》	明确将使用财政性科研经费购买超过一定限额的材料、设备、进行租赁、购买服务等行为纳入政府采购	2002 年 6 月 29 日	2014 年 8 月 31 日

国家科技管理政策是以国家对科技发展要求为基础，以科技发展规律、结构及功能为依托，并适应实际需要的科技管理有效工具。国家“十五”战略发展规划后，政府拨款的科技投入稳定快速增长。由于缺乏与科研经费管理相关的专业经验，因此从决策、管理到实施层面仍较落后。为此，国务院、各大部委相继颁布了多项相关政策（表 2-3、表 2-4）。加快制度建设和政策落实，强调纵向科研经费依托主体责任，创新纵向科研经费服务方式已成为加强规范纵向科研经费管理政策的工作重点，这充分展示了国家实现科技创新战略目标的决心。

加强和改进高校纵向科研经费管理措施的国家层面文件汇总　　表 2-3

文号	文件名称	发文部门
国发〔2014〕11 号	关于改进加强中央财政科研项目和资金管理的若干意见	国务院
国发〔2014〕64 号	关于深化中央财政科技计划（专项、基金等）管理改革的方案	国务院
中办发〔2016〕50 号	关于进一步完善中央财政科研项目资金管理等政策的若干意见	中共中央、国务院办公厅
国发〔2018〕25 号	国务院关于优化科研经费管理提升科研绩效若干措施的通知	国务院
国办发〔2018〕127 号	关于抓好赋予科研机构和人员更大自主权有关文件贯彻落实工作的通知	国务院办公厅
国办发〔2021〕32 号	关于改革完善中央财政科研经费管理的若干意见	国务院办公厅

加强和改进高校纵向科研经费管理措施的部委层面文件汇总　　表 2-4

文号	文件名称	发文部门
财教〔2015〕15 号	关于印发《国家自然科学基金资助项目资金管理办法》的通知	财政部、自然科学基金委
财教〔2015〕154 号	关于中央财政科技计划管理改革过渡期资金管理有关问题的通知	科技部、财政部

续表

文号	文件名称	发文部门
国科发资〔2015〕423 号	关于改革过渡期国家重点研发计划组织管理有关事项的通知	科技部、财政部
财行〔2015〕371 号	在华举办国际会议经费管理办法	财政部
财教〔2016〕304 号	国家社会科学基金项目资金管理办法	财政部、全国哲学社会科学规划领导小组
财行〔2016〕214 号	关于印发《中央和国家机关会议费管理办法》的通知	财政部、国管局
教财司函〔2016〕699 号	关于印发《“国培计划”示范性项目资金管理办法》的通知	教育部财务司
国科办政〔2016〕49 号	关于印发《科技部落实国家科技计划管理监督主体责任实施方案》的通知	科技部办公厅
国科发创〔2016〕70 号	关于印发《中央财政科技计划(专项、基金等)项目管理专业机构管理暂行规定》的通知	科技部
国科发政〔2016〕97 号	关于印发《国家科技计划(专项、基金等)严重失信行为记录暂行规定》的通知	财政部、科技部
财行〔2016〕540 号	关于印发《中央和国家机关培训费管理办法》的通知	财政部、中共中央组织部、国家公务员局
财科教〔2016〕11 号	关于印发《中央高校教育教学改革专项资金管理办法》的通知	财政部、教育部
财科教〔2017〕6 号	关于进一步做好中央财政科研项目资金管理等政策贯彻落实工作的通知	财政部、科技部等
财科教〔2017〕128 号	印发《中央财政科研项目专家咨询费管理办法》的通知	财政部
京财科文〔2017〕1842 号	关于印发《北京市自然科学基金资助项目经费管理办法》的通知	北京市财政局、北京市科学技术委员会
国科办资〔2018〕122 号	关于开展解决科研经费“报销繁”有关工作的通知	科技部、财政部
教党函〔2019〕37 号	《关于扩大高校和科研院所科研相关自主权的若干意见》的通知	教育部
国科发政〔2019〕260 号	《关于扩大高校和科研院所科研相关自主权的若干意见》的通知	科技部等 6 部门
财预〔2020〕10 号	关于印发《项目支出绩效评价管理办法》的通知	财政部
财教〔2021〕237 号	国家社会科学基金项目资金管理办法	财政部、全国哲学社会科学规划领导小组
京财科文〔2021〕1822 号	关于印发《北京市科技计划项目(课题)经费管理办法》的通知	北京市财政局、北京市科学技术委员会、中关村科技园区管理委员会
京科发〔2021〕76 号	关于在北京市自然科学基金项目中试点项目经费使用“包干制”的通知	北京市科委等
财教〔2021〕283 号	中央高校基本科研业务费管理办法	财政部、教育部
财教〔2021〕100 号	关于印发《中央级科学事业单位改善科研条件专项资金管理办法》的通知	财政部

续表

文号	文件名称	发文部门
财教〔2021〕178 号	关于印发《国家重点研发计划资金管理办法》的通知	财政部、科技部
国科办资〔2021〕137 号	关于进一步完善国家重点研发计划项目综合绩效评价财务管理的通知	科技部办公厅
财教〔2021〕285 号	高等学校哲学社会科学繁荣计划专项资金管理办法	财政部、教育部
国科发区〔2022〕185 号	科技部等七部门关于做好科研助理岗位开发和落实工作的通知	科技部等 7 部门
京科发〔2022〕1 号	《北京市财政科研项目经费"包干制"试点工作方案》的通知	北京市科学技术委员会、中关村科技园区管理委员会

三、高校科研经费管理轨迹

高校科研经费管理制度是在完全执行国家科技政策的基础上再按照高校自身发展趋势和学科特色而制定的，主要是强化管理及发挥效率。伴随着国家科技体制改革历程，我国高校科研经费管理经历了 4 个重要阶段：

1. 起始阶段（1986～1995 年）

此阶段主要借鉴欧美等西方发达国家先进的科研经费管理模式，进行了一些有益的探索和尝试，先后按照不同学科和专业类型进行科研项目制管理，尤其是将有关国家经济发展的重点学科和专业高校作为重心给予保障经费，这主要归功于改革开放后"科教兴国"的国家科技发展战略，国家对主要科研项目经费的管理都采用"包干使用""专款专用""超支不补""结余留用"的较宽松的模式。

2. 健全阶段（1996～2006 年）

此阶段是伴随着高校科学研究战略地位和科技经费体量的逐步攀升，其科研经费管理政策也同步完善规范。国家已制定了完善的科研经费管理制度及纵向科研经费管理办法[105]，特别强调对国家重大领域和重点学科的科学研究，如"863"和"973"科研项目经费以及各级政府拨款的纵向科研经费均予以优先保障。但伴随着新世纪国家财政管理体制改革推进，"预算制"管理模式日趋严格，其管理硬约束的特点无法全面适应高校科研活动的内在规律。

3. 飞跃阶段（2006～2016 年）

2006 年国家提出了科技自主创新的战略思想，大力鼓励高校产学研一体化发展创新，提升科研人员的科技创新创造动力。科研经费来源和管理模式也由既往单一财政拨款的纵向科研经费转化为多渠道来源的纵向/横向科研经费齐头并进的模式，科研经费管理的政策和制度也在原有基础上进一步完善和细化，以保障科研经费能够被规范使用。但在手段上偏重运用财务监督来监管科研经费收支，忽视了科研经费使用的合理性，因而降低了科研人员的创新热情；而直接与间接费用的分配不明确、智力劳动补偿缺失等政策设计缺乏科学性也造成了科研成本不真实，故国家迅速在科研经费的预算编制、开支范围、结余管理、评价监督、间接成本补偿机制等方面又做出进一步的明确，调整了经费管理基本架构及项目的分类整合。但在实操中，由于执行单位管理过严过细，诸如“使用难、报销难”等改革问题仍然突出，并没有真正释放科研人员的创新积极性。

4. “放管服”政策改革阶段（2016至今）

2016年中办发〔2016〕50号文件的出台使我国科研经费管理进入了改革阶段，在“科技强国”战略目标下，国家层面的相关政策、法律法规、条例文件陆续更新，并在政策修订时更多地考虑到了推动落实科研人员的管理自主权和经济权益的内容，科研经费管理改革政策频频出台，除国务院颁布的纲领性文件，更细致的均来源于财政部、科技部、教育部为主的部委，部分纵向科研项目经费的“包干制”和“加减法”对于激活科研人员的创新创造原动力极为有效。自此，高校科研经费管理进入了全流程的内控管理。从优化经费投入结构、精准科研项目立项、加强经费绩效评价等多个方面进行策略调整。根据“合理配置及使用”的原则，力图以健全科研管理制度、协助成果市场转化等方法来提升广大科研人员的科技创新能力，使现阶段的国家科研经费管理政策更适合科研发展的规律[106]。

四、高校科研经费管理现状

（一）高校科研经费投入

近年来，随着国民经济实力的增长以及国家对财政拨款投入科学研究的重视，我国科研经费总体投入的现状有以下特点：

1. 政府财政拨款投入持续增加

坚持以国家财政拨款为主，多渠道筹集科研经费进行科学研究。目前文献显示，美国、欧盟等发达经济体对科研的投入保持在较高水平[107]，占GDP 3%左右，我国科研投入占GDP 2%左右[5]，因此，我国政府一直在积极努力地采取措施，不断加大科研经费的投入规模和投入强度，以保证科研经费投入增长比与GDP的增长相适应。科研经费的投入无论规模还是增加比例均走在全球的前列，投入总额在2021年首次超过美国，占世界第一（中国6215亿美元，美国5987亿美元）；2010～2020年，国家研究与试验发展（R&D）经费投入一直保持10%以上的稳定增长率，而2021年再创新高，增长14.2%，在近5年内占比最高，呈快速增长趋势。但研究也发现，在基础研究的投入方面，基础研究的经费数量以及占R&D总经费的比重虽然不断攀升，但还是低于美国在基础研究上的经费投入强度（中国8%，美国16%），存在着较大差距[108]。

2. 投入高校的财政拨款成倍增长

政府不仅增加各类政府财政拨款对高校纵向科研经费的投入，也鼓励和引导高校与社会、事业、企业、民间、各种基金会等机构密切合作，以增加高校横向科研经费的投入。同时，高校也不断加强与国际社会组织的交流与合作，拓宽科研经费的来源渠道，最大限度地争取国际组织的各类竞争性科研项目。各级政府科技管理部门及同级拨款单位除了增加计划内拨款，还以竞争性的各种计划外科研项目提供给科研实力强、水平高的高校，并通过专业基金的管理手段，实现科研投入效益最大化，从而增加科技创新的动力。自2015年1244.27亿元到2021年2573.17亿元，全国高校每年的科研经费投入均以不同幅度增加（8.99%～15.35%），与2015年相比2021年增加至206.80%（图2-1）。但从《中国科技统计年鉴2021》的测算结果来看，在基础研究经费执行结构方面，高校低于最优比近10个百分点[108]。

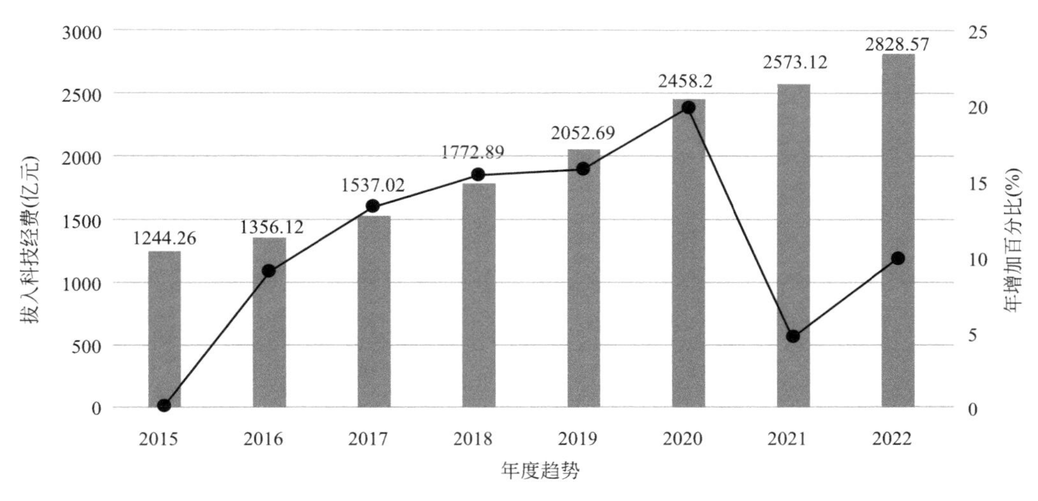

图2-1　2015～2021年全国各类高校科技经费投入情况

（二）高校纵向科研经费管理现状

目前，来自国家、省（市区）和地方政府专项拨款的高校纵向科研经费的预算、核算、结算均要按照各级政府主管部门规定的科研经费管理办法实施。在纵向科研经费管理中，高校起着协助各级政府科技管理部门及同级拨款单位对经费使用的监督作用，其原因在于各级政府科技管理部门虽然制定了针对科研经费的管理策略，但这些部门对科研团队具体的花费不是很了解[109]，高校纵向科研经费来源的渠道多元化，而与各级政府科技管理部门之间并没有互通有无，高校纵向科研项目团队负责人为了多拿项目，同一研究内容在不同研究团队重复立项。还有国家纵向科研经费获得总量在经济发达地区远高于经济落后地区，使得纵向科研经费过度集中，无法有效配置资源以实现最佳的科技效益。通常是由高校科研部门负责组织策划项目申请、协助单位进行资质认定、答辩项目书论证及合同签订、立项登记信息入库、结题验收成果鉴定等工作；财务部门则负责项目申请时预算编制指导审核，经费到账后开立账户启动实施，经费支出和决算编制实施财务监督管理，预算调整极为困难，纵向科研项目团队必须依据该科研项目事先设计的具体任务和经费需求进行支出，在结题时各级政府科技管理部门组织专家组或第三方对其经费使用进行审核[110]。纵向科研项目团队负责人负责具体使用科研经费，但必须接受财务监督和审计。如果这些管理工作不能实现经费的业财融合，相互沟通交流，就必然会导致纵向科研经费管理信息不能实时共享，管理方式割裂或出现效率不高[111]。这些管理现状表明，我国高校纵向科研经费管理亟须改进。

第二节　高校科研经费管理困境

目前，高校科研经费管理政策和制度已经取得飞跃式发展，但在实操时仍然存在很多具体困境，主要归纳为以下方面：

一、财务核算与科研管理办法的融合有欠缺

各级政府财政拨款的科研经费下发高校后，因对其动态监督不足，只能委托高校财务部门实施监管。但“项目制”的管理办法使纵向科研经费控制权在纵向科研项目团队负责人手中，使得财务部门只能做票据核算工作，无法准确计算该纵向科研项目的全成本及缺乏对其间接费用的考核，导致现有的高校财务核算与科研管理办法的融合欠缺。由于科研会计政策不完全配套，使高校财务部门无法对每个具体的纵向科研项目成本进行内控，例如，某高校将材料费采用分摊方式计入，但其分摊方式不准确，导致多计入项目成本。

二、管理部门与项目团队负责人之间协作性差

高校科研、财务、资产、审计等管理部门之间没有可以衔接的信息平台，故难以实现数据交流。由于这些部门之间很少进行协调，纵向科研项目团队负责人必须在部门间循环办公，致使其消耗了工作和科研时间，还易出错；财务部门工作人员执行制度严格、机械地凭章审核、报销流程复杂又烦琐，使得纵向科研项目团队负责人认为财务部门工作人员过于严格刻板、报销流程过繁，使其浪费大量宝贵时间而影响科研积极性[112]。

三、经费预算编制较粗放导致合理规划不足

高校大部分纵向科研项目团队负责人缺乏对预算编制相关财务知识的了解，同时受制于时间、精力等因素无法进行相关知识培训，导致其对预算大类实际对应的科目内容不甚了解，仅仅根据主观判断进行大概估计，缺乏合理规划，甚至对于还未发生的科研经费支出往往不太清楚，错误理解“会议费、差旅费、交通费、专利代理费”等用途，从而导致后期科研经费支出无法报销或需要进行预算调整，耗费大量时间和精力，影响其项目进展。

四、经费使用普遍存在业财沟通欠缺的现象

高校财务部门的会计系统实行收付实现制，无法对高校纵向科研经费支出方面是否合法合规作出准确判断[113]。这是因为高校财务部门对每个具体的纵向科研项目经费预算编制的详细内容并不知晓，仅凭发票做账，普遍存在只报销票据不知用途的现象，这与各高

校无专职科研会计岗的设置有着很大的关系；各级政府科技管理部门与高校科研经费管理部门和纵向科研项目团队联系甚少，导致“信息回馈”缺乏。

五、系统设计流程不够便利造成使用困难

高校业务部门开发各种类型的数据库系统，多系统链接给高校科研信息化管理带来挑战，常因为程序黑洞导致系统崩溃，影响平台使用稳定性；会议室租赁、大型开放仪器使用等业务仍需手工输入，不能实现网上预约和单据导入；设备部门数据库设置的业财数据信息对接不流畅，导致科研结题的每笔会计分录都需要人工录入，说明系统设计流程不够完善，造成系统使用便利性差；跨部门业务无法实现数据信息化，而是靠人力辗转各部门沟通，耗费时间，效率低下。

六、固定资产闲置导致重复购买，权属不清

高校纵向科研项目各团队之间相对较封闭，除了必须与高校科研管理、财务部门经常打交道以外，各个项目团队之间不相往来，因此，单独购买的固定设备和贵重仪器在纵向科研项目结束后被长期闲置，更无仪器保管系统查阅可以供给其他纵向科研项目重复使用，导致各纵向科研项目团队重复采购相同或相近的设备仪器，造成高校科研固定资产浪费且利用率很低，甚至小的仪器、设备、耗材及工具书长期滞留而无登记造册，与高校低值资产的权属管理制度不完善有关[114]。

七、科研经费监管尚有缝隙导致腐败发生

委托主体在纵向科研经费拨款后对经费具体使用知之甚少，仅在结题验收时给予关注，从而为纵向科研经费被滥用提供了土壤；预算执行时，纵向科研项目团队负责人绝对执掌经费使用权，如果缺乏对其个人信用的监督，或其个人违背科研诚信，就很容易在使用纵向科研经费时产生廉政风险；如果高校审计部门缺乏相关财务核算知识，就无法动态监督其使用过程；若没有完善的责任追究制度可依，就会导致纵向科研经费管理漏洞和乱象甚至严重后果，典型案例是中国农业大学的“李宁案”，案犯采取虚开发票方式套取结余科研经费 3756 万余元人民币。

综上所述，使用传统的单一纵向科研经费管理模式来解决多种类、多学科的高校科研经费使用问题，势必造成与纵向科研项目实际需求不相符的情况，无法提升新形势下的高校科技治理效果和治理水平。

第三节　高校科研经费使用效率评价

通过对全国 6 大类高校近 5 年的科研经费使用效率进行评价，进一步佐证对高校纵向科研经费进行协同治理的必要性。

一、评价模型构建

DEA的优点是对研究的指标数据不必做无量纲化处理，也不需设置权重。它已成为各种系统评价的成熟工具，在对科研效率进行评价时，它具有独特的适用性及优越性。选择规模收益可变的DEA-BCC模型、SE-CCR模型及DEA-Malmquist指数模型做动静态分析。

（一）DEA-BCC模型构建

在规模收益可变的前提下，DEA-BCC模型把技术效率（TE）分为纯技术效率（PTE）和规模效率（SE）。TE反映科研效率水平，其中PTE代表在既定投入下DMU所能获得的最大产出，SE代表科研资源投入规模水平。

假设有 n 个DMU，每个DMU有 m 项投入、q 项产出，将分别记为 $Xj=（X_1j，X_2j，\cdots，Xmj）$、$Yj=（Y_1j，Y_2j，\cdots，Yqj）$，经等价转换和对偶处理后所得模型为：

$$\begin{cases} max(\mu^T Y_0+\mu_0)=V_p \\ \omega^T x_j-\mu^T y_j-\mu_0\geqslant 0, j=1,2,\cdots,n \\ \omega^T x_0=1 \\ \omega\geqslant 0,\mu\geqslant 0 \end{cases} \tag{2-1}$$

其对偶模型为：

$$\begin{cases} \sum_{j=1}^{n} X_j\lambda_j+s^-=\theta X_0 \\ \sum_{j=1}^{n} Y_j\lambda_j-s^+=Y_0 \\ \sum_{j=1}^{n}\lambda_j=1 \\ s^-\geqslant 0,s^+\geqslant 0,\lambda_j\geqslant 0,j=1,2,\cdots,n \end{cases} \tag{2-2}$$

通过引入阿基米德无穷小量ε并转化后的线性规划模型为：

$$s.t.\begin{cases} max(\mu^T Y_0+\mu_0)=V_{pt} \\ \omega^T X_j-\mu^T Y_j-\mu_0\geqslant 0,j=1,2,\cdots,n \\ \omega^T X_0=1 \\ \omega\geqslant \omega e,\mu\geqslant \varepsilon e \end{cases} \tag{2-3}$$

经过转化得到的对偶规划模型如下：

$$s.t.\begin{cases} min[\theta-\varepsilon(e^{\wedge T}s^-+e^{\wedge T}s^+)] \\ \sum_{j=1}^{n} X_j\lambda_j+s^-=\theta X_0 \\ \sum_{j=1}^{n} Y_j\lambda_j-s^+=Y_0 \\ \sum_{j=1}^{n}\lambda_j=1 \\ s^-\geqslant 0,s^+\geqslant 0,\lambda_j\geqslant 0,j=1,2,\cdots,n \end{cases} \tag{2-4}$$

式（2-4）中 θ 代表第 j 个类别高校的科研效率值，满足 $0\leqslant\theta\leqslant 1$；ε代表阿基米德无

穷小，e 代表元素为 1 的向量，如果 $\theta=1$，则表明 DMU 处于技术有效状态，否则表明 DMU 处于技术无效状态；λ_j 为 n 个类别高校的科研某种组合权重；s^- 为松弛变量，表示投入冗余；s^+ 为剩余变量，表示产出不足。

（二）超效率 CCR 模型构建

通过 BCC 模型可以得到有效的 DMU，但对于多个 DEA 有效的 DMU，无法进一步区分这些 DMU 间的有效差异。通过超效率 CCR 模型计算可区别最有效的 DMU。超效率 CCR 模型是由 Andersen 和 Petersen（1993）提出，此模型能克服传统 CCR 模型只能区分 DMU 有无效率的缺陷，它计算出的效率值不局限于 0～1，可大于 1，根据技术效率值进行排序[115]。对 DMU 进行评价时，将被评价的 DMU 排除在 DMU 的集合之外。

假设存在 m 个 DMU，每个 DMU 有 n 个投入指标和 n 个产出指标，对于第 j 个 DMU，$X_j=(X_{1j},\ X_{2j},\ \cdots,\ X_{nj})^T$，$Y_j=(Y_{1j},\ Y_{2j},\ \cdots,\ Y_{nj})^T$，$j=(1,\ 2,\ \cdots,\ m)$。$X_0$，$Y_0$ 为选定 DMU_0 的投入向量与产出向量，λ 是相对于 DMU_0 重新构造一个有效 DMU 组合中 m 个 DMU 的组合比例，θ 为 DMU_0 的投入相对产出的有效利用程度，即效率值。超效率 CCR 模型可以用如下方程表示：

$$\sum_{j=1}^{m} y_j\lambda_i \geqslant Y_0 min\lambda ,\theta$$

$$s.t.\ \sum_{j=1}^{m} x_j\lambda_i \leqslant \theta x_0$$

$$\sum_{j=1}^{m} y_j\lambda_i \geqslant Y_0$$

$$\lambda_j \geqslant 0 \quad j=1,2,\cdots,k,\cdots,n \tag{2-5}$$

其中，当 $\theta^{super}\geqslant 1$ 且 $S_i^-=S_r^+=0$ 时，则 DMU_j 为 DEA 有效；当 $\theta^{super}\geqslant 1$ 且 $S_i^-\neq S_r^+\neq 0$，则称 DMU_j 为弱 DEA 有效；当 $\theta^{super}<1$ 时，则称 DMU_j 为 DEA 无效。

（三）DEA-Malmquist 指数模型的构建

斯蒂芬·马姆奎斯特（1953）首次提出了 Malmquist 指数的概念，随后卡夫（1982）又首次将 Malmquist 指数与 DEA 理论相结合作为生产效率指数，并在以后的效率评价研究中广泛应用[116]。法勒（1992）又对 DEA 法做了进一步改进，建立 Malmquist 指数模型。全要素生产率指数（TFP）是由技术进步变化指数（TC）与技术效率变化指数（TEC）组成；TEC 是由纯技术效率变化指数（PTEC）和规模效率指数（SEC）组成。Malmquist 指数模型是基于 DMU 一定时期内的数据进行动态趋势分析，通过构建理想的几何平均数法测算 t 时期到 $t+1$ 时期 Malmquist 指数的变化趋势。

$$M_0^t=N_0^t(x^{t+1},y^{t+1})/D_0^t(x^t,y^t)$$

$$M_0^{t+1}=N_0^{t+1}(x^{t+1},y^{t+1})/D_0^{t+1}(x^t,y^t) \tag{2-6}$$

Caves 等人为了避免误差的存在，通过构造理想的几何平均数法来测量 t 时期到 $t+1$

时期 Malmquist 指数的变化。

$$M_0(x^t,y^t,x^{t+1},y^{t+1})=\sqrt[2]{\frac{D_0^t(x^{t+1},y^{t+1}/CRS)}{D_0^t(x^t,y^t/CRS)}\cdot\frac{D_0^{t+1}(x^{t+1},y^{t+1}/CRS)}{D_0^{t+1}(x^t,y^t/CRS)}}$$
$$=\frac{D_0^t(x^{t+1},y^{t+1}/CRS)}{D_0^t(x^t,y^t/CRS)}\cdot\sqrt[2]{\frac{D_0^t(x^{t+1},y^{t+1}/CRS)}{D_0^{t+1}(x^{t+1},y^{t+1}/CRS)}\cdot\frac{D_0^{t+1}(x^t,y^t/CRS)}{D_0^{t+1}(x^t,y^t/CRS)}}$$
$$=TEC\times TC \tag{2-7}$$

1994 年 Rolf Färe 和 Grosskopf 等人假设 CRS 不变，将 TFP 分解为 TEC 和 TC 两部分：

$$\text{TFP}=M_{t,t+1}(x^t,y^t,x^{t+1},y^{t+1})=\frac{D^{t+1}(x^{t+1},y^{t+1})}{D^t(x^t,y^t)}\times\sqrt[2]{\frac{D^t(x^{t+1},y^{t+1})}{D^{t+1}(x^{t+1},y^{t+1})}\cdot\frac{D^t(x^t,y^t)}{D^{t+1}(x^t,y^t)}}$$
$$=\text{TEC}\times\text{TC}=\text{SEC}\times\text{PTEC}\times\text{TC} \tag{2-8}$$

TC 代表 DMU 在 $t-1$ 到 t、t 到 $t+1$ 时期的技术进步水平高低，为“增长效应”，若 TC>1，说明技术进步；PTEC 代表 DMU 在 $t-1$ 到 t、t 到 $t+1$ 时期的科研产出效率增减，为“追赶效应”，若 PTEC>1，说明在 TEC 和 SEC 限定时，DMU 的 $t+1$ 期生产更接近生产前沿面；SEC 测算各 DMU 的“收益效应”，若 SEC>1，表明规模收益递增。

二、全国 6 大类高校科研效率计算结果

（一）测定指标的选取

我国高校科研经费投入呈逐年增长趋势，但其科研产出却未能显现出同步增长。这意味着各类高校在使用科研经费时或多或少存在效率低下的现象。按照教育部公开发行的《高等学校科技统计资料汇编》[117]，综合类高校（DMU_1）510 所（25.12%）、理工类高校（DMU_2）774 所（38.13%）、农林类高校（DMU_3）94 所（4.63%）、医药类高校（DMU_4）180 所（8.87%）、师范类高校（DMU_5）203 所（10%）、其他类高校（DMU_6）246 所（12.12%），本书选择 2015～2021 年全国 6 大类高校科研经费投入和产出指标值进行科研效率评价。数据处理使用 SPSS23.0 版和 MaxDEA7.6 版。遵循系统性、可行性等基本原则，参考国内学者以往研究构建的科研投入—产出指标体系[118-121]。需要说明的是，高校科研物力投入主要集中在科研设备的不动资产层面，由于该指标的数值短期不变，而且数据搜集困难，故略去。为使评价结果可靠，科研投入指标仅选取人力和财力两方面：①研究与发展全时人员（人年）；②当年课题支出科研经费（千元）。科研产出指标选取：①国外发表学术论文（篇）；②当年技术转让的实际收入（千元）；③国际级项目验收（项）；④发明专利授权数（项）。考虑到科研存在的滞后性，将产出数据前置二年，即 2015 年的投入对应 2017 年的产出，并以此类推。最终，本书构建的全部样本纵向覆盖 2015～2019 年的科研投入评价数据，对应 2017～2021 年的科研产出评价数据，横向覆盖全国 6 大类高校的科研效率评价指标体系（表 2-5）。

全国 6 大类高校科研投入—产出指标体系　　表 2-5

一级指标	二级指标	单位	代码
投入指标	研究与发展全时人员	人年	X_1
	当年课题支出科研经费	千元	X_2
产出指标	国外发表学术论文	篇	Y_1
	当年技术转让实际收入	千元	Y_2
	国际级项目验收	项	Y_3
	发明专利授权数	项	Y_4

（二）样本的描述性分析结果

由表 2-6 可知，理工类、综合类、医药类高校的整体科研效率较其他类型高校的科研效率更高。理工类高校的投入指标均高于其他各类高校，产出指标除了国外发表学术论文篇数与综合类高校平均数无差别，其余 3 个产出指标均明显高于其他 5 类高校的平均数值。特别是理工类高校当年科研经费支出和当年技术转让实际收入的金额远高于其他各类高校，说明理工类高校科研创新能力更强，科技成果转化落地更多，为我国高校整体科研产出带来了积极的影响。

全国 6 大类高校科研投入—产出指标的描述性分析结果　　表 2-6

指标	高校类别	最小值	最大值	平均值	标准差	偏度	峰度
研究与发展全时人员（人年）	综合类	96137	114016	103764.2	7205.01	0.70	−0.99
	理工类	98552	122077	108825.2	9204.64	0.52	−0.31
	农林类	17178	19562	18574.8	1008.94	−0.71	−1.68
	医药类	56619	69022	60547.0	5263.40	1.40	1.15
	师范类	20906	24578	22553.8	1410.60	0.57	−0.22
	其他类	4985	7139	5958.2	808.23	0.49	0.48
当年课题支出科研经费（千元）	综合类	34733076	58677428	44609620.2	9574336.16	0.77	−0.39
	理工类	53605609	79034370	63253933.2	10073840.46	1.12	0.83
	农林类	6366315	10297517	7896162.0	1526479.10	1.10	1.12
	医药类	5931012	10897778	8046344.6	1980515.06	0.68	−0.66
	师范类	5307959	9196596	6888469.6	1616480.28	0.78	−1.20
	其他类	1017705	1718864	1270119.4	275631.79	1.39	1.81
国外发表学术论文（篇）	综合类	143841	219196	181878.2	31792.20	−0.05	−2.18
	理工类	130079	221971	173123.8	39980.43	0.22	−2.42
	农林类	16043	30410	22713.4	5970.88	0.29	−1.88
	医药类	28899	56735	40222.4	11142.54	0.82	−0.29
	师范类	22092	37431	27811.8	6053.72	1.24	1.13
	其他类	3045	5953	4470.4	1173.26	0.08	−1.55

续表

指标	高校类别	最小值	最大值	平均值	标准差	偏度	峰度
当年技术转让实际收入（千元）	综合类	564534	1293751	859044.4	283510.33	0.92	0.63
	理工类	1605128	2724241	2069688.4	461315.09	0.57	−0.94
	农林类	114965	157012	128504.4	16484.40	1.86	3.83
	医药类	102685	228359	152879.0	49143.21	0.97	0.56
	师范类	76171	139447	115399.2	24456.70	−1.20	1.69
	其他类	16727	51209	28962.6	15389.90	0.90	−1.27
国际级项目验收（项）	综合类	1059	1366	1191.2	133.09	0.50	−2.14
	理工类	1438	2943	1952.6	587.28	1.63	3.01
	农林类	29	171	96.8	63.91	0.00	−2.65
	医药类	81	143	118.2	24.87	−0.90	−0.22
	师范类	41	81	57.2	15.30	1.01	1.00
	其他类	11	66	27.0	22.52	1.91	3.74
发明专利授权数（项）	综合类	20251	37951	26996.0	6859.53	1.23	1.41
	理工类	37199	63281	48316.0	9802.98	0.85	0.92
	农林类	3448	5315	4028.4	743.55	1.89	3.77
	医药类	1410	2844	2012.6	567.11	0.63	−0.16
	师范类	2862	5368	4000.2	962.38	0.39	−0.17
	其他类	651	1284	927.6	233.06	0.75	1.39

（三）样本的相关性分析结果

由于运用DEA方法进行各种效率测度的前提是投入和产出数据之间必须呈正相关关系，因此，选用SPSS23.0版对其进行皮尔逊（Pearson）相关性检验。由表2-7可知，所有投入和产出指标的r系数均大于0.8，符合DEA计算的要求。

全国6大类高校科研投入—产出指标的相关性分析　　表2-7

指标	X_1	X_2	Y_1	Y_2	Y_3	Y_4
X_1	1	0.921**	0.941**	0.766**	0.757**	0.849**
X_2	0.921**	1	0.967**	0.907**	0.837**	0.979**
Y_1	0.941**	0.967**	1	0.805**	0.778**	0.915**
Y_2	0.766**	0.907**	0.805**	1	0.861**	0.941**
Y_3	0.757**	0.837**	0.778**	0.861**	1	0.829**
Y_4	0.849**	0.979**	0.915**	0.941**	0.829**	1

注：** $P<0.01$

（四）全国6大类高校科研静态效率

1. DEA-BCC模型分析

由图2-2和表2-8可知，全国6大类高校科研TE均值分布在0.9以上，DMU_1、DMU_2的PTE和SE均为1.0，处在第Ⅰ象限区域，表明科研TE所需改进较少；DMU_5的SE较高，但PTE较低，处在第Ⅱ象限区域，表明其技术创新能力和资源管理水平有待提升；DMU_3的PTE与SE都较低，处在第Ⅲ象限区域，表明其科技发展水平较低，要进一步优化科研经费支出结构，大力发展科研创新成果转化；DMU_4、DMU_6的SE低，但PTE高，处在第Ⅳ象限区域，表明其现有规模有待提升，要努力加大科研经费投入的强度和规模，实现对科研经费和科研人员的合理配置和集中管理。

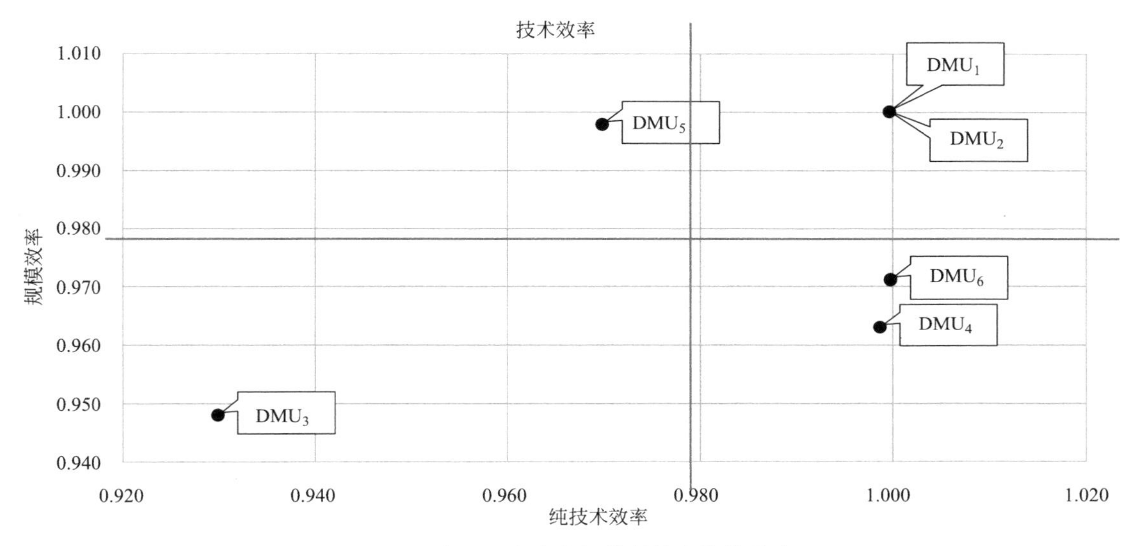

图2-2　全国6大类高校科研效率均值分布

2017～2021年全国6大类高校科研效率比较分析　　　　表2-8

测定值	年	DMU_1	DMU_2	DMU_3	DMU_4	DMU_5	DMU_6
TE	2017	1	1	0.8748	1	0.9866	0.9792
	2018	1	1	0.7660	1	1	1
	2019	1	1	0.7154	1	1	1
	2020	1	1	0.8157	1	0.8304	1
	2021	1	1	0.8233	1	1	1
PTE	2017	1	1	0.8778	1	1	1
	2018	1	1	0.8653	1	1	1
	2019	1	1	0.8125	1	1	1
	2020	1	1	0.881	1	0.8306	1
	2021	1	1	1	1	1	1

续表

测定值	年	DMU_1	DMU_2	DMU_3	DMU_4	DMU_5	DMU_6
SE	2017	1	1	0.9966	1	0.9866	0.9792
	2018	1	1	0.8852	1	1	1
	2019	1	1	0.8804	1	1	1
	2020	1	1	0.9259	1	0.9998	1
	2021	1	1	0.8233	1	1	1
规模收益	2017	不变	不变	递增	不变	递增	递增
	2018	不变	不变	递增	不变	不变	不变
	2019	不变	不变	递增	不变	不变	不变
	2020	不变	不变	递增	不变	递减	不变
	2021	不变	不变	递增	不变	不变	不变

2. 对 DEA 无效的 DMU 进行投影分析

由表 2-9 可知，农林类高校在 2017～2021 年连续 5 年的全时科研人员和科研经费支出存在冗余情况，在 2017～2019 年和 2021 年的专利转让收入、国际级项目验收等方面存在产出不足，而其他类高校在 2017 年存在和农林类高校相同的问题，说明未能实现最优产出。2017 年师范类高校同样存在此类问题，但 2020 年师范类高校在投入冗余的同时，仅有发明专利数存在不足。

2017～2021 年全国 6 大类高校科技投入冗余和产出不足分析　　表 2-9

年份	DMU	投入冗余		产出不足			
		X_1	X_2	Y_1	Y_2	Y_3	Y_4
2017	DMU_3	6257	797284	0	32004	109	0
2017	DMU_5	2609	71228	0	23534	105	0
2017	DMU_6	2813	21167	0	10090	34	0
2018	DMU_3	4020	1623705	0	27173	25	0
2019	DMU_3	5419	2150766	0	16993	30	0
2020	DMU_3	3605	1533592	0	0	108	160
2020	DMU_5	3948	1340725	0	0	78	0
2021	DMU_3	3399	2117563	0	24472	133	0

3. 对 DEA 有效的 DMU 进行超效率分析

基于超效率 CCR 模型计算 6 大类高校科研 TE，它能更准确地对比 DMU 的 TE 水平及排序，在一定程度上可以反映各类高校年度科研的 TE 水平及其变化状态，使其具有可比性。

由表 2-10 可知，全国 6 大类高校科研 TE 均值有 DMU_1、DMU_2 连续 5 年均超过 1，达到了较好的水平。DMU_3、DMU_4、DMU_5、DMU_6 分别在不同年 TE 均值低于 1，与 DEA 有效的 DMU_1、DMU_2 相比是不理想的。但使用超效率 CCR 计算，能够清晰地将

DEA是否有效的DMU区分出来，由表2-10可知，TE最高值是DMU_2达到3.8120（2018年），TE最低值是DMU_3低至0.7154（2019年）。从DEA-BCC模型和超效率CCR模型来看，DMU_3、DMU_5、DMU_6在DEA-BBC模型下的TE均值分别为0.8062、0.9634、0.9958，但超效率CCR模型下的TE均值分别为0.7990、1.0019、1.2429，故能真实反映各类高校科研的整体TE值的差距以及与最优效率的差距。

2017～2021年全国6大类高校TE的超效率CCR计算结果分析　　表2-10

DMU	2017	2018	2019	2020	2021	均值	序列
DMU_1	1.2963	1.2692	1.3713	1.2789	1.1479	1.2727	2
DMU_2	2.4505	3.8120	1.9671	1.8843	1.6636	2.3556	1
DMU_3	0.8748	0.7660	0.7154	0.8157	0.8233	0.7990	6
DMU_4	1.1715	1.1376	1.0423	1.1970	1.2949	1.1687	4
DMU_5	0.9866	1.0457	1.1243	0.8304	1.0227	1.0019	5
DMU_6	0.9792	1.7932	1.3306	1.0681	1.0434	1.2429	3

（五）全国6大类高校科研效率动态趋势

2017～2021年全国6大类高校科研效率的Malmquist及其分解指数均值　　表2-11

年份	Malmquist(标准差)	TEC(标准差)	TC(标准差)	PTEC(标准差)	SEC(标准差)
2017～2018	1.139(0.254)	1.166(0.387)	0.977(0.088)	1.098(0.307)	1.062(0.355)
2018～2019	0.911(0.190)	0.851(0.216)	1.070(0.144)	0.857(0.210)	0.993(0.149)
2019～2020	0.865(0.163)	0.941(0.169)	0.919(0.056)	0.975(0.157)	0.965(0.126)
2020～2021	1.058(0.136)	1.007(0.130)	1.051(0.181)	1.038(0.154)	0.970(0.070)
均值	0.987(0.211)	0.985(0.262)	1.003(0.135)	0.988(0.220)	0.997(0.199)

由表2-11可知，2017～2021年度全国6大类高校的TFP均值为0.987，整体上呈微衰趋势，2018～2020年度呈负增长，即每年减少8.9%～13.5%，年均下降大于10.0%。但2020～2021年度呈正增长，达5.8%；从TFP分解结果看，TEC均值为0.985，但TC的均值为1.003，年均增长率为3.0%，即TFP值减少主要是由TEC值下降导致的，而TC值对TFP值起着支撑作用，但从TEC分解来看，PTEC均值为0.988，而SEC均值为0.997，说明SEC值为TEC的支撑动力。从年份变化看，TC值在波动中呈增长态势，TC值在2018～2019年、2020～2021年表现为正增长。

由图2-3可知，全国6大类高校2017～2021年科研经费投入都呈增长状态，但TFP值在不同类别的高校和不同年度之间的差异较大，处于−33.1%～53.2%，说明6大类高校TFP值正负增长与其资源配置方式是否优化、科研活动的投入规模是否合理相关；TC值的形态却不趋同，但各类高校各个年度TC值是−16.6%～42.9%，说明TFP值的增长是由技术进步增长所致的“增长效应”，在全国各类高校中无一类高校的TFP值是年年持续增长的趋势，而是上升与下降交替进行，全国不同类高校TFP值变化的内在动力也有

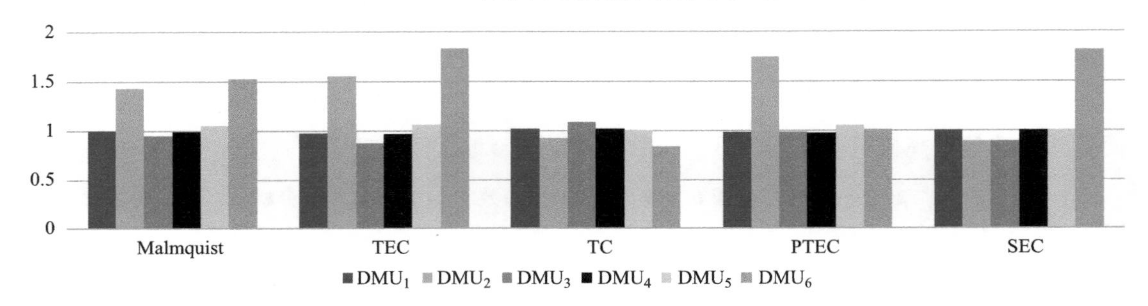

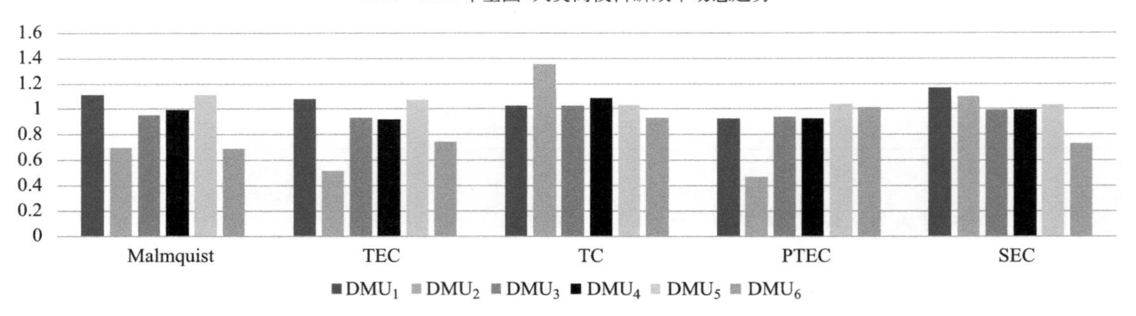

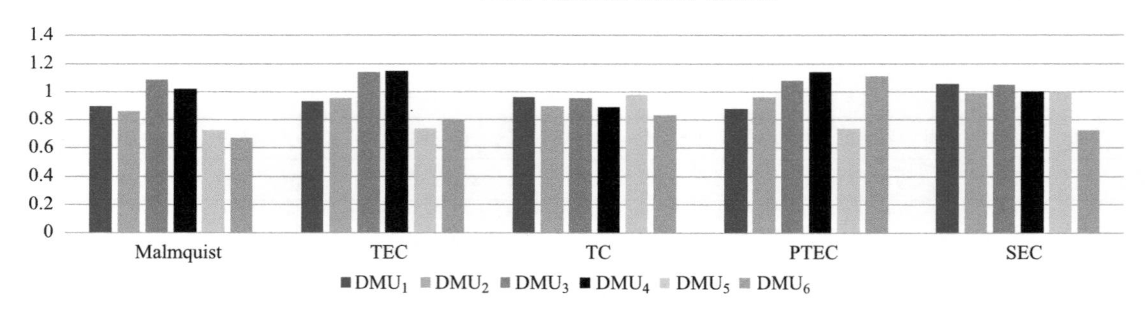

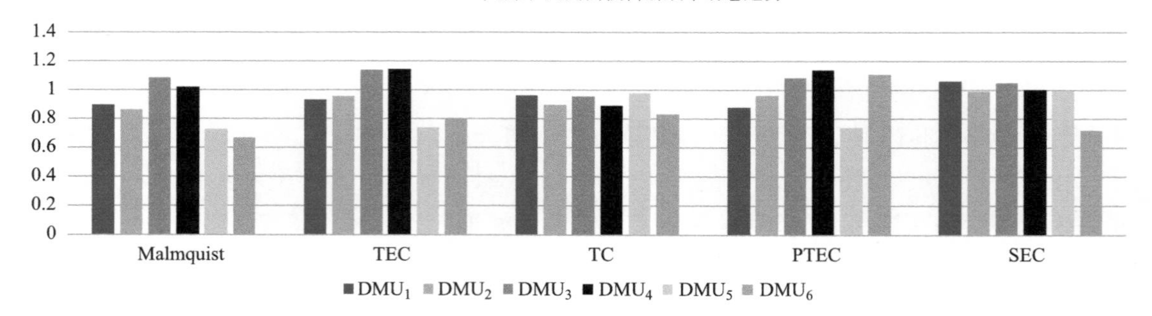

图 2-3 2017～2021 年全国 6 大类高校科研效率动态趋势比较

所区别，由单一TC带动型转向TC和TEC同时驱动型，TFP值增长的内涵更为丰富。全国6大类高校的SEC值在2017～2021年度的差异是－27.9％～81.4％。全国各类高校的SEC值前后年度的对比均没有明显的提高，未显现出明显的“收益效应”，体现了各类高校科研管理水平有所提高及管理制度改革对其综合管理能力有所提升。但6大类高校科研效率的整体水平没有达到满意水平，科研资源并没有得到充分有效利用，科研产出成果并不令人满意，科研效率仍有很大的改进空间。

（六）评价结果启示

首先，全国各类公立高校无论在提高教学质量还是科研导向和社会服务方面都具有标杆示范作用；它们又是国家科技发展创新的领头雁，政府财政向其拨付了大量科研资金，使其承担了国家的各项重点科研项目及任务，此类高校的科研团队学识学术水平一流，创新型人才队伍非常强大，各种科研信息资源极为充足，科研实验条件尤为优越，其科研数据全面、具有代表性，所以对其真实数据进行分析，能够得知其管理方面可能存在的问题，故以“问题为导向”能够为国家教育科研管理部门更加科学、有效、合理配置高校科研资金，为加快和鼓励高校实现科技成果转化提供一定参考数据和案例验证借鉴。

其次，各级政府科技管理部门针对非DEA有效的且处于规模报酬递减状态的这类高校，要恰当缩小科研经费和全时研究人员以及科研课题的投入规模，督促此类高校注重优化科研管理手段，提高科研资源使用效率；针对DEA有效的且处于规模报酬不变或递增状态的这类高校，应进一步加强对其科研资源的投入，因为这些高校实现了科研资源的有效配置，高投入会带来更大的科研产出及成果转化。

再次，全国高校在“十三五”规划发展中大力提升科学研究的原始创新能力、支撑创新人才培养能力、服务经济社会发展能力。同时国家也加大对各类高校的科研经费投入强度和规模，各大高校也引进大量的一流设备及先进技术，建立各种学科研究中心和重点实验室及人才培养基地，使生产前沿面迅速提升，但本书中的TFP与TC未呈现出趋同一致的走向，说明技术进步的“增长效应”不理想，需要引进更多的高新技术和创新人才，来推动巨大的创新与改革，在今后要充分发挥国家“放管服”改革政策带来的资源优势，以提高整体科研效率。

最后，各级政府科技管理部门应重视完善相关法律法规体系，营造有利于人才交流和技术创新的宏观环境，建立科技成果的社会与市场评价体系，规范和引导高校原创科技成果的转化，使高校科研工作成为国家科技发展的基石，达到“恰当规模、投入合理、成果至上、效率优化”的高校科研经费协同治理效果。因此，提升高校科研效率首先要努力提高科研技术和科技成果转化，其次要调整科研经费执行结构和支出方向，优化科研经费投入强度和规模，真正实现科研经费支出规模、结构、质量与效率兼顾的新局面。

第三章　高校纵向科研经费协同治理体系构建

本章从高校纵向科研经费协同治理内涵及其理论特征的角度，阐明主体角色、作用及共识，分析主体—过程—资源协同之困境，提出解决困境的方法即协同治理，按照协同学逻辑从主因子分析筛选出协同的核心要素，构建高校纵向科研经费治理中主体—过程—资源协同三维体系，为高校纵向科研经费协同治理假设模型与机制以及协同治理效果和系统协同度的评价提供合理规范的理论依据。

第一节　高校纵向科研经费协同治理内涵及特征

一、高校纵向科研经费协同治理内涵界定

（一）高校纵向科研经费协同治理定义

以高校纵向科研经费为研究对象，各级政府科技管理部门及同级拨款单位为主导主体，高校科研经费管理部门为管理监督主体，纵向科研项目团队负责人为责任执行主体，共享目标一致、地位平等、资源整合、协同合作的共治过程。

（二）高校纵向科研经费协同治理规则

规则一：完整性。高校纵向科研经费治理是全方位、多维度、多层次的协同，使其治理过程有章可循、有据可依、有证可查，为国家建立更为完善的纵向科研经费管理制度提供充足的理论依据。

规则二：创新性。高校纵向科研经费治理是建立在高校科技的业财融合基础上，不断拓展、实践、创新，及时跟进新的科研经费管理政策变化，及时思辨并提出持续改进的协同措施。

规则三：实用性。由于每所高校都能拿下规模及经费数额大小不同的纵向科研项目，这些纵向科研项目经费使用必须按照国家相关政策和管理办法实施，可结合实际情况，制定适合自身且实用性更强的管理条例。

（三）高校纵向科研经费协同治理内容

1. 目标

高校纵向科研经费协同治理的最终目标是做到科技创新制度化，涌现重大成果持续

化，推动科研经费效率最大化，提升外部组织公众认可化，达到纵向科研经费治理价值化，实现高校科技治理效果现代化，并成体系服务于国家重大需求，为高校科技创新提供坚强的支撑。

2. 环境

内外协同环境对高校纵向科研经费协同治理过程的启动、三大主体的协同、实现协同治理目标都具有首要的作用，是实现科研经费协同治理的前提条件，它包括国家政治制度、科技政策、法律法规、经济文化以及实验设备等开放环境。

3. 主体

高校纵向科研经费协同治理主体是指从事高校纵向科研项目管理、实施、监督、绩效评价等科技活动的各级政府科技管理部门及同级拨款单位、高校科研经费管理部门及纵向科研项目团队三大主体等合作组织。

4. 制度

建构贯通高校纵向科研经费协同治理全过程的统一立法、决策规划、资源配置、公开评价和监督保障等融合制度，但必须遵守国家现行的法律法规。

5. 机制

高校纵向科研经费协同治理过程中必须遵守相应的程序与规则，是协同治理最关键的内容。只有完整正确的协同手段才能确保高校纵向科研经费治理中三大主体协同策略与思想目标的实现。

高校纵向科研经费协同治理内容是坚持理论与实践统一，宏观与微观统一，动态与静态统一，体现了高校“科技创新”的新型举国体制化优势，有助于立足国情、扎根本土的高校科技创新组织体系化布局，突显了高校纵向科研经费协同治理的“本土化经验”，产生“1＋1＞2”的“国家所需，科研所向”的高校纵向科研经费协同治理效果（图 3-1）。

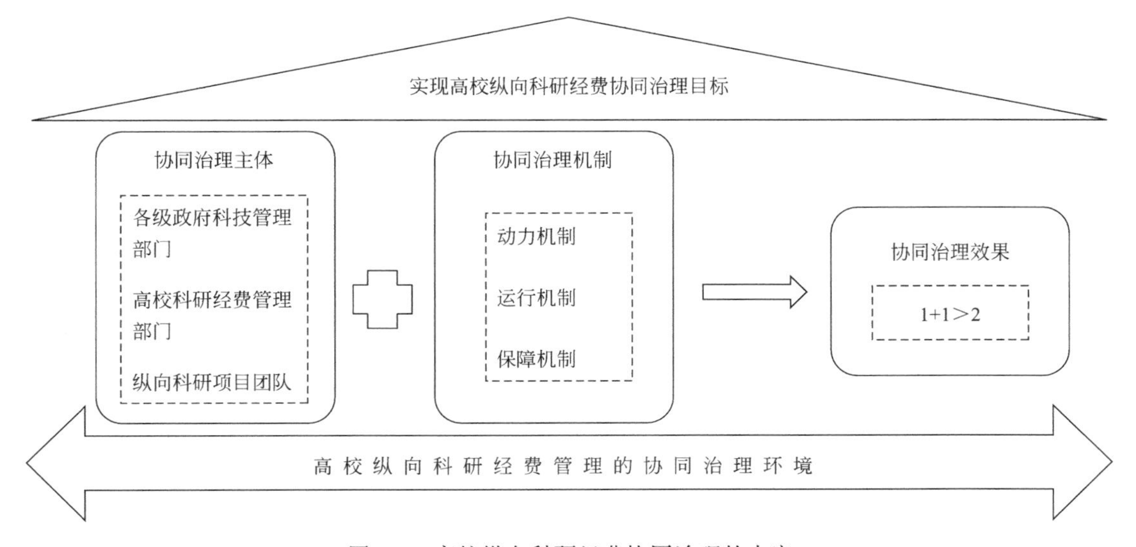

图 3-1　高校纵向科研经费协同治理的内容

二、高校纵向科研经费协同治理理论特征

（一）多主体平等参与共同认可的制定过程

随着政府治理的改革进程，高校纵向科研经费治理已逐渐向各级政府科技管理部门及同级拨款单位、高校科研经费管理部门、纵向科研项目团队主体共同参与的协同治理模式转变；在现有的法律法规框架及科技政策制度规范引导下，按照高校纵向科研经费治理目标，各级政府科技管理部门作为主导主体，与高校科研经费管理部门和纵向科研项目团队主体地位平等，共同参与资源与过程的整合，通过明确多主体职责与目标，按照规则构成协同正向运行秩序，从而取得最优化的高校纵向科研经费治理效果。

（二）核心维度带动多维互动合作的共治过程

基于高校纵向科研经费有效治理的需要，各个主体权力运行是以高校纵向科研经费为载体，基于治理目标认同和职能责任使命而形成对主导主体支配力的服从，不同主体对其他主体的相互认同和需要，从而实现高校纵向科研经费治理中引发主体行动需要控制和权力的多维运行；各级政府科技管理部门在治理过程中是主导权力的核心维度，但高校科研经费管理部门和纵向科研项目团队对各级政府科技管理部门下拨经费的支配力则来源于其合法性需求，从客观角度形成了多维互动的协同共治共享过程。

（三）自组织间能动互补自主有序的实现过程

在高校纵向科研经费协同治理时，“指挥主体”是由各级政府科技管理部门担任，在整个协同治理行动中，对制定协同治理规则、协同治理方针等都担负主要责任；但在具体行动中，主导主体处于支配地位是通过主体之间的自组织行为来实现有效的协同治理。在不同阶段中由谁扮演主导主体行使权力只是一种主动承担高校纵向科研经费治理责任的行为，其他两个主体的配合与服从则是对高校纵向科研经费治理责任的能动互补行为，三大主体在高校纵向科研经费协同治理过程中通过自组织间能动互补，有秩序、有效率地处理所面临的问题。

（四）子系统间机制相互动态适应的系统过程

高校纵向科研经费协同治理是一个系统，主体、过程、资源等协同要素是同等级的变量，这些要素虽不服从伺服原理，但由它们组成的子系统之间的地位是平等的，在同等级的变量之间也有着程度不同的关联，比如政策导向、信用保障、资源整合、风险应对、激励培养等相关机制会将它们有机联系在一起，并贯穿于整个协同治理过程，是三大主体协同决策与互动的系统过程。在系统过程中三大主体形成一种互相认可的规则机制，动态分配经费责任风险，治理资源和成果共享，从而形成协同化的治理规则。

第二节　高校纵向科研经费协同治理主体结构设计

一、高校纵向科研经费协同治理主体界定

高校纵向科研经费协同治理主体的准确选择是取得其协同治理实施效果的前提和后续行为的基础，因此，按照高校纵向科研经费管理的三层委托—代理关系而形成利益相关主体的构成，本书首先将协同治理主体界定为：从事高校纵向科研项目管理、拨款、实施、监督、绩效评价等科技活动的各级政府科技管理部门及同级拨款单位、高校科研经费管理部门及纵向科研项目团队。

（一）各级政府科技管理部门主体

作为对高校纵向科研经费治理起着宏观调控作用的“掌舵”人，它是主导主体，它的治理价值取向是国家社会公共利益，为国家科技创新驱动发展战略及社会经济进步发展作贡献是其协同治理的最终目标。在高校外部科技环境资源不断更迭竞争下，政府层面的主导功能发挥是尤为重要的，各级政府科技管理部门通过创造有效的纵向科研项目宏观治理环境，通过建构共享融合、科学合理的治理手段，并协调高校科研经费管理部门和纵向科研项目团队融入互动的机制来实现高校纵向科研经费协同治理目标。作为高校纵向科研项目团队的投资者和发起人，它是高校纵向科研项目的主要决策者。它引领着高校纵向科研项目的研究方向、研究周期、经费成本和成果质量，对高校纵向科研项目的投资数量、功能和规模等进行决策，因此，它的主体作用和地位至关重要。

（二）高校科研经费管理部门主体

它是高校纵向科研经费的具体科研活动执行机构，也是高校科研经费治理责任主体和管理监督主体，高校需要协调高校科技创新的内外利益相关主体，通过利益均衡，给纵向科研项目团队提供科技创新服务的各种科技资源。由于纵向科研项目存在一定的特殊性，各级政府科技管理部门及同级拨款单位会将其委托给专门的机构或组织进行全程管理。高校纵向科研项目管理的代理方即为政府下一级行政机构——高校，是拥有政府部分管理监督权力的高校纵向科研项目实施期间的管理监督主体，也是高校纵向科研项目实施全过程的负责人，而高校科研经费管理相关部门则是具体负责高校科研经费的治理主体，其中科研、财务、审计三部门分别是组织、控制、监督主体。

（三）纵向科研项目团队主体

纵向科研项目团队作为高校纵向科研经费协同治理的执行主体，是高校科技创新的主力军，也是高校科研经费协同治理的参与者和具体实施者；在高校纵向科研项目申报立项时，这些纵向科研项目团队负责人每年按照各级政府科技管理部门下达的科研任务和具体

指南进行申报，在项目启动、实施、结题结账、成果鉴定及转化方面起到非常重要的主体作用，是独立的、不可忽视的主体。

以上三大主体共同推动高校科研效率和科技成果转化，逐步提升高校纵向科研经费协同治理水平的现代化，构建起“以政府科技部门主导宏观管理、高校具有一定自主权力、管理部门职能边界清晰、科研人员群体积极支持参与”的高校纵向科研经费协同治理的新格局。这也是党的十八大面对新形势和新任务提出的适合中国国情的新的治理制度设计。其中，各级政府科技管理部门是核心和关键，各所高校科研经费管理部门是依托，各个纵向科研项目团队参与是基础，国家法律法规和政策制度保障是根本，研究它们之间如何通过有效的协同合作共同推动高校纵向科研经费管理创新，正是本书研究的目的所在。

二、高校纵向科研经费协同治理主体职能

各级政府科技管理部门及同级拨款单位是高校纵向科研政策制度和国家财政拨款的直接供给主体，它们参与协同治理的理由在于担负着对国家科研经费相关的法律法规、管理政策和各种文件、科学研究方法的质量标准、内部控制管理标准的监督并公布质量状况、普及纵向科研经费管理知识和科研人员守信意识、宣传国内外科技信息等责任。纵向科研项目团队参与协同治理的理由在于作为纵向科研经费的具体执行主体，其科研活动的高质量完成和高效低耗使用科研经费产生科技成果会使国家直接获得经济和社会效益；高校科研经费管理部门作为纵向科研项目的依托主体，担负着具体落实纵向科研经费管理政策与法律法规任务及监督管理本高校纵向科研经费使用及科技成果评价工作，它们参与协同治理的理由在于能够准确地把握高校纵向科研经费管理的需求及具体信息，在一定程度上弥补高校纵向科研经费管理的主体信息不对称的“政府失灵”，同时有助于增加高校的知名度和社会地位，并推动高校纵向科研经费使用效率和成果转化效益的实施，逐步提升高校纵向科研经费治理能力和治理水平（图 3-2）。

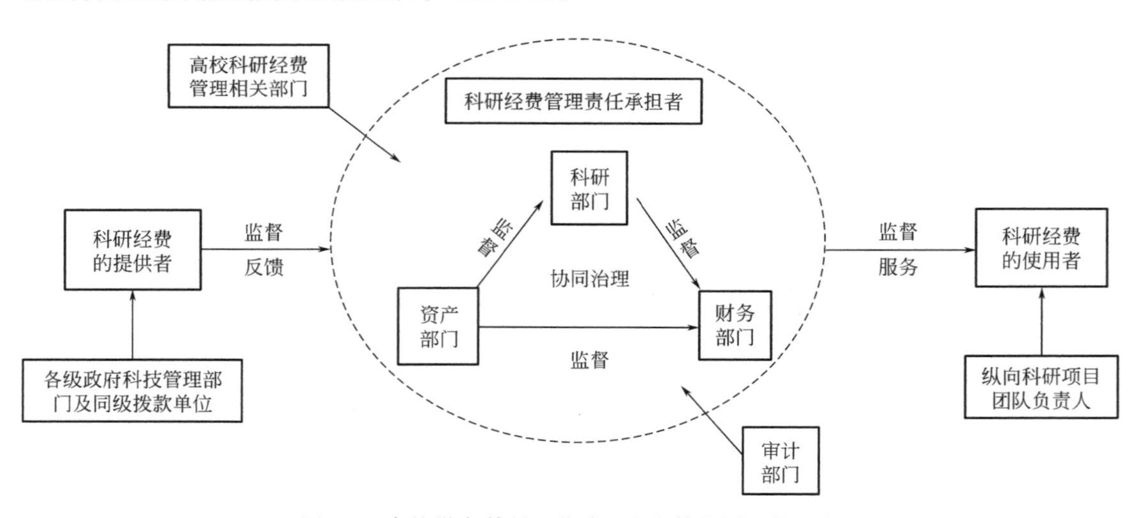

图 3-2　高校纵向科研经费治理中主体协同职能界定

三、高校纵向科研经费治理主体共识

（一）基于纵向科研经费治理行动导向的协同行为基础

高校纵向科研经费协同治理是高校科技治理的目标追求，它是高校内外部不同科研管理的要素之间协同调配、高效运作后的一种理想状态，是三大主体在高校纵向科研项目实施时权力和资源整合与配置的治理过程与结构；变革高校纵向经费管理模式，实施协同治理的关键在于各级政府科技管理部门在提供国家财政拨款时，要帮助高校两大主体明晰高校经费管理制度政策、法律法规，为高校提供规范有序的政府治理环境。而高校内部则通过科研经费管理部门和纵向科研项目团队这两个具有治理主权的主体采取权责均衡、民主决策、沟通协调、资源整合、信用自律等协同行为，作为治理行动的导向。

（二）基于高校科学研究目标价值考量的协同信任起点

政治、文化、社会、法律、政策、技术等外在科技环境因素影响着高校的科研目标，尤其是国家科技制度政策与社会文化会潜移默化地渗透到高校科学研究目标的确立中，随着这些环境结构发生变化而产生改变，尽管影响高校科学研究目标的因素很多，高校科学研究目标的合理定位仍然是培养国家需要的“科技创新人才”。因此，基于高校科学研究目标价值的考量，以协同信任为起点，促使高校科技创新可持续发展，就必须满足高校纵向科研项目团队的科研人员对于科技创新可持续发展的需求，必须塑造他们为国家未来科技发展作贡献的价值态度。

（三）基于纵向科研经费协同治理路径的协同模型共构

目前国家财政拨款的各种高校纵向科研项目对国家科技创新驱动发展战略有着重大意义，为了完成国家科技发展的重大任务，保障高校科学研究体系的高效运作，必须构建高校纵向科研经费治理体系中主体—过程—资源协同方式。它需要根植于高校纵向科研经费管理的现实情境，着眼于解决高校纵向科研经费协同治理过程中的现实难题，必须共构“三大主体参与、目标价值引领、治理结构有序、科学运行机制、制度政策保障”的主体—过程—资源协同三维体系模型，才是真正保障高校科学研究发展战略不偏离轨道的协同治理路径。

第三节　高校纵向科研经费协同治理困境解决办法

目前，我国高校纵向科研经费管理结构也具备实行协同治理的基础，但还存在着较大的困境，下面分别从主体—过程—资源协同 3 个维度来分析。

一、主体协同存在的困境

高校纵向科研经费治理是一项非常复杂的系统管理工程，在实现治理目标的过程中，

主体协同绝不是用构想和探索就能完成的，最有效的协同不仅需要国家政策制度和法律法规的保障，还需要三大治理主体的协同实践达到一定的高度，但在实操时还存在着需要修正的困境。

（一）政府拨款人地位虚置缺失监督

各所高校科研活动的有效运行几乎都依靠各级政府的财政拨款，并由各级政府科技管理部门及同级拨款单位负责运行管理和监督考评。而政府部门拨款人地位虚置，并没有完善对高校纵向科研项目进行监控的体系。目前的治理状况是各级政府层面的拨款部门及其他职能部门都可以作为政府资金的供给者，多个部门同时担任同一角色，势必造成政府拨款主体的混乱，导致各级政府科技管理相关部门之间存在权力交叉与牵制，责任难以明确划分，拨款责任制实际执行非常困难。政府部门拨款人参与决策与监督仅仅依靠定期的监督检查来实现，缺少对国家财政拨款的高校纵向科研项目实施全过程的监控；政府部门拨款人内部多个管理部门对纵向科研项目进行独立监督，相互之间沟通极少，无法实现在信息协同下的主体—过程—资源协同，导致政府部门拨款人无法对高校科研经费的整体使用情况进行全面了解，使监督效率很低。另外，部分纵向科研项目团队不如实将真实的科研信息及时反馈给政府部门拨款人，使其决策有可能失误。而作为纵向科研项目管理依托方的高校，借助其学科特色、设备齐全、研发人才等优势，可以联合研发、转化与推广科技成果，这就有可能受市场利益的驱使，使横向科研经费与纵向科研经费交叉使用，产生更多的经济利益，导致高校违背纵向科研经费公益性的初衷，使推动国家科技创新、推动社会经济发展和产业升级、促进科研成果转化的纵向科研项目研究职责和目标明晰度变差。

（二）科研人员的公私目标不完全一致

纵向科研项目团队的科研动机、技术、成果、效率取决于自身情况，外部协同环境对其影响并不是决定因素，但对于每个纵向科研项目团队的负责人及科研人员来说，他们个人的科研利益需求和目标的局限性会直接影响高校整体科研的持续发展和科研经费的治理力度。与其他科研单位相比，高校的上级政府科技管理部门因对其在国家科技创新战略发展中的需求日渐增多，而且对其投入的国家科研项目资金越来越多，使得高校科研人员得到的经费资助力度远远大于监管力度，得到的科研项目奖励力度也远远大于惩罚力度，得到的科研环境和科研设备条件也远远优于其他科研单位，但个别科研项目团队或团队内的某些科研人员有可能会利用公共资源获取一些个人好处，而不重视科研项目团队的研究成果及社会意义，从而降低了政府或高校的资源配置效率。而高校由于承担着较大的科研责任，日常科研管理则会有所忽视，对科研人员重激励轻约束，缺乏日常守信教育及和谐文化培训工作，使得科研人员在各自的团队里缺乏沟通交流，单打独斗地研究，不能很好地利用设备和经费，较难形成资源和过程共同分享与贡献的主体协同的纵向科研经费治理局面；如果部分科研人员出现理想信念缺失，加之高校监管措施不够完善，更会导致科研人员出现问题意识不强、自我约束较差，从而偏离研发使命与方向。

（三）互动主体单一使治理效率低下

目前，对高校纵向科研经费的管理是各级政府科技管理部门及同级拨款单位垂直单一进行的，很少让具体执行主体参与，导致互动主体单一，使得高校纵向科研项目管理水平和纵向科研经费治理水平难以有效提升，同时导致相关主体的各项责任难以落实。治理主体的协同发展必须由具体的多方组织和机构参与，否则会阻碍多主体间的互动频率与效果。各级政府科技管理部门承担着国家科研经费的投资风险，而作为依托方的高校如果缺乏纵向科研项目的产出约束，仅仅是为了自身利益而尽力争取更多的财政拨款，盲目扩大纵向科研经费预算，忽视国家公共资金投入的效益，必然会导致纵向科研经费产出减少、投入冗余的情况。尤其是高校科研经费管理部门，对纵向科研项目团队的监管是断续而无全程管理的状态，当一个纵向科研项目完成之后其项目团队便会自行解散，使得其经费使用不当的经验教训永远是一次性，难以长期积累高校科研经费治理经验，更难建立相关科研信息管理系统对项目数据真实性进行查询和趋势预测。

二、过程协同存在的困境

高校纵向科研经费治理中主体参与的过程协同更加契合国家科技政策和高校科研管理的实际情况，但在梳理高校纵向科研经费治理问题时，当我们把过程协同贯穿于高校纵向科研项目运行的视域下，就会发现三大主体在协同过程中存在诸多不足因素，它们制约了治理的有序化。

（一）协同意识缺乏使治理相互离散

高校科研与财务管理部门在体制、编制、业务和数据等方面有差异，致使高校科研经费协同治理没有出现思想共识，高校的组织主体——科研管理部门的日常工作流程是“项目立项—中期检查—项目结项”，在纵向科研项目的申报阶段及结项时经费审核阶段花费大力气反复核查，但对纵向科研项目的预算执行和调整过程中该项目经费使用的真实情况不甚了解，也没有采取有效措施动态跟踪，对纵向科研项目团队负责人报销的票据是否符合该项目的使用途径等情况都不是及时监督，易出纰漏。高校控制主体——财务管理部门则只负责对纵向科研项目经费的日常报销核算及最终决算，汇总既往历史数据和纵向科研的信息，但对纵向科研项目团队在项目预算编制上是否合理、购买设备仪器及低值易耗品的经费花销是否合法合规都无法介入，对高校内的多个纵向科研项目团队的资金管理存在着“管理分隔”及“核算黑窗”，两大主体间各自为政，无法协同作战，使高校科技治理与财务治理无法交融，导致治理质量下降。纵向科研项目团队作为具体的执行主体，其负责人和团队成员缺乏财务风险意识，自认为经费是自己申请来的，便随意改变预算时经费用途，还认为只要报销票据正规、没有弄虚作假，就可以到财务管理部门报账。由于组织与控制两大主体离散度太大，互相不能协同配合，对高校科研经费执行主体的管理涣散，致使高校科研经费治理体系松垮、内耗增加明显。

（二）经费执行主体文化建设较欠缺

目前，高校纵向科研项目管理体制是项目制，这种管理模式带来的弊端是全职从事科研工作的人员在项目团队中比例较低，多数科研人员是负担繁重教学任务的老师（及其学生），或通过合作招聘进入纵向科研项目团队的科研人员，这些纵向科研项目团队的科研人员流动性较大，很多科研人员完成所在纵向科研项目任务后马上离开，再进驻到其他的纵向科研项目团队，团队成员的结构稳定性较差。纵向科研项目团队的组成除了核心队员在申报时确定外，其余科研人员何时加入则按照该科研项目的研究周期来确定，故纵向科研项目团队的科研人员对其团队主体文化建设的主动参与性不高，他们的关注点主要在各自纵向科研项目的研究细节上。因此，这就增加了该纵向科研项目团队主体文化建设的难度。又因为项目团队内部固定的全职科研人员太少，绝大多数科研人员都是流动的，使团队主体文化在组织层面上的建设更难以形成，即使存在着团队主体文化建设，也只局限在各自内部，高校内不同的纵向科研项目团队间交流几乎见不到影子，这就更加剧了高校科研执行主体文化建设的欠缺。

（三）协同要素兼容性差导致产出过少

在高校纵向科研经费协同治理过程中，组织结构、管理目标、资源配置、有效参与是最主要的协同要素，而在实际运作中由于参与的多主体的组织结构不明确、思想目标不一致、有效参与不完全、协同效果未发挥等因素致使协同要素兼容性差而直接影响高校纵向科研经费治理中主体协同效果。承担着推动国家及市场经济建设使命与职责的各级政府科技管理部门投入大量的国家公共资金进行科学研究，是期望高校的科学研发成果产出带动国家或区域经济发展和产业升级，为社会带来更多的经济效益。高校作为各级政府落实国家科技创新战略发展的重要平台，必须完成各种纵向科研项目任务。在纵向科研项目实施期间三大主体间的三层三重委托代理关系，均可能造成各级政府科技管理部门与高校科研经费管理部门以及纵向科研项目团队的科技利益目标不一致和风险承担不合理、经费资源浪费等，最终导致高校纵向科研项目的科研产出差强人意。

三、资源协同存在的困境

治理主体目标明确，协同运行秩序正向，必然使高校纵向科研经费治理系统的底层基础要素和中层间接因素——主体协同和过程协同成为支撑系统上层的直接因素，资源协同成为最重要的协同要素，当探究高校纵向科研经费治理中的协同层次的互动关系时，就会发现尽管主体协同促使过程协同，但资源协同仍会有不尽如人意之处，同样会制约治理的高效化。

（一）多主体协同法律制度有待完善

多主体协同是高校纵向科研经费协同治理的前提要素，这就要求各级政府科技管理部门在制定相关的科技管理制度和法律法规时，对参与治理主体的法律地位要有明确规定，使各级政府科技管理部门及同级拨款单位、高校科研经费管理部门、纵向科研项目团队三大主体的“权责利”得到规范化。从实质上讲，多主体协同的核心是利益的协调，在法律法规及管理制度上表现为对高校纵向科研经费治理主体的权利和义务的规定及平衡，以确保高校纵向科研经费治理中三大主体能够充分表达各自的利益诉求。但是，从我国现行的纵向科研经费管理政策及相关法律法规来看，对高校纵向科研经费的价值取向以规制和奖惩为主，缺乏其他主体的参与合作，成为高校纵向科研经费治理中多主体协同的法律法规制约因素。

（二）资源协同缺乏使设备重复购置

高校在纵向科研项目的设备仪器等固定资产及低值易耗物品的政府采购招标投标与资产管理中均赋予纵向科研项目团队负责人按照要求购置的权利，而高校纵向科研项目的组织主体——科研管理部门与控制主体——财务管理部门均无权对纵向科研项目团队所购的物品利用情况做可行性论证，仅由纵向科研项目团队负责人说了算，大件资产仅由高校政府采购招标投标办公室与固定资产管理部门招标、登记、注册，然后由高校财务管理部门直接付款，而各高校科研管理部门并没有与高校资产管理部门联合对历年来每个纵向科研项目团队购置的固定资产进行一体化管理和重新配置，因此，高校科研管理部门很难将这些纵向科研项目团队所用过的固定资产进行重新合理配置以便再利用，致使高校的所有科研物品重复购置率过高；而且，高校资产管理部门既没有建立科研物品的登记造册供高校公共科研平台使用，也没有形成定期进行科研设备清查和保养的长效管理监督机制，甚至个别纵向科研项目团队负责人为了一己私利，购置时将所购的设备仪器人为拆分成小件物品，开具多张报销票据，以躲避高校的资产验收，据为己有。

（三）信息平台分散使精准对接困难

随着信息网络技术的普及，各高校与科研经费管理工作相关的部门及二级学院都建立了各自的管理系统，但由于各个部门的工作流程及模式都存在着很大的差别，对信息平台的功能要求也不相同，故在日常工作中的数据处理及维护易出现碎片和孤岛。由于高校科研、财务、审计、资产、设备管理等系统之间协调性欠缺，加之大部分纵向科研项目的信息数据需加密，故无法构建同步处理纵向科研业务与纵向科研经费一体化管理平台，导致两部门的数据无法实时对接，资产管理部门同样无法实时跟踪纵向科研经费购买的设备仪器耗材使用情况。同时，各高校纵向科研项目团队也未建立完整的内部局域网，无法与该纵向科研项目相对应的政府科技管理部门及同级拨款单位、各高校科研经费管理部门之间建立共享的纵向科研项目网络总平台，使各高校在研的纵向科研项目的每一个项目信息系统与上级科技主管部门及同级拨款单位缺乏实时交流和精准对接，很难形成一个协同有方、制约有效的高校纵向科研经费治理动态监管系统。

总之，在高校纵向科研经费治理中存在着预算、核算、结算、监管、绩效评价阶段主体管理相互离散、资源无法有效整合、运行过程内控乏力等困境，未能形成一个相互协调、相互联系的主体—过程—资源协同的有机体系；实际上，主体—过程是否协同仍然是决定资源是否协同的最重要因素。

四、高校纵向科研经费治理困境的解决办法

高校纵向科研经费治理困境中主要是主体协同不足的问题，但也有主体协同中资源和过程及相互之间不够协同的问题，未形成动态循环的有机整体，究其原因，主要是承担高校纵向科研项目的各主体参与度和了解度不同，信息掌握度不同，导致协同治理目标不一致，无法高度协同地完成高校纵向科研经费治理目标。要想使高校纵向科研经费治理成功，必须使三大主体都对治理结果满意，而协同治理理论对解决高校纵向科研经费治理中存在的主体—过程—资源协同困境有着高度的理论与实践契合度，协同治理也因此成为解决高校纵向科研经费治理困境的最佳途径。

第四节　高校纵向科研经费协同治理体系构建价值

在协同治理的视域下，本书拟构建高校纵向科研经费协同治理体系的框架，即从主体—过程—资源协同三个维度来构建。三大主体协同是治理实践的合理结构，治理过程协同是三大主体在具体的治理实践过程中的实现路径，而资源配置整合协同则是三大主体协同和治理过程协同实现后的协同治理效果。

一、高校纵向科研经费协同治理体系构建价值

高校纵向科研经费能否被高校科研人员高效低耗、合法合规地使用是国家科技创新的重要突破口，因此，需要站在新的管理学交叉理论——协同治理理论的视域下动态持续对其进行改进，从而形成协同治理运行的正向秩序。

（一）理论价值

目前，在高校纵向科研经费管理体系中，各级政府科技管理部门不仅要制定与国家大政方针一致的科技规划，还要下达与纵向科研经费管理相关的文件精神和制订纵向科研任务的年度计划，高校科研管理部门按照前者要求组织纵向科研项目团队进行全过程管理，三大主体依照相关法律与合同，随着纵向科研项目的进行，不断调整其行为策略以完成相关科研任务并获取相应的社会或经济利益。那么，高校纵向科研经费能否实现“协同”治理呢？实质上讲，治理是不同主体的制度结构，具有一定的自组织特征，其核心内涵是多主体协同，所以，高校纵向科研经费协同治理是通过构建一种持续运行与演变的机制，促使系统中三大主体最佳组合形成一种新的稳定结构，进而产生效用之和的过程。高校纵向科研经费协同治理在借鉴协同学思想的同时，更要有与治理实践相结合的过程思维，从而通过具体的、切实的高校纵向科研经费协同治理过程来实现我国目前高校纵向科研经费从

控制管理向协同治理的转变过程。

（二）实践价值

目前，协同治理思想与方法正成为我国社会各行各业广泛关注的管理变革焦点和新型管理模式，各级政府科技部门的管理功能转化放权是其治理趋势，其重点在于各级政府科技管理部门将适合高校自主管理的科研事务治理权力交还各高校。各级政府科技管理部门与高校科研经费管理部门在协同治理框架下共享治理权力、分享治理资源、共担治理责任。通过对高校纵向科研经费协同治理体系的构建，对推动新时代高校纵向科研经费治理制度建构并进行相应的治理模式思考和治理实践都具有积极的意义。因此，高校纵向科研经费协同治理体系构建极大地推动了各级政府科技管理部门职能转变和行政改革进程，提升了自身科技服务的水平。通过高校纵向科研经费协同治理，可以使高校科研经费管理部门主体责任意识空前强化，并且支撑各纵向科研项目团队主动承担起实现并维护公共利益的神圣职责，由此创建与纵向科研经费相关利益的和谐关系和有序无缝的交往空间，最终构建高校纵向科研经费投入与产出的协同运行正向秩序。

二、高校纵向科研经费协同治理体系构建原则

高校纵向科研经费协同治理体系的构建事关高校科研与财务综合改革的成败，为此必须做好顶层设计，在其构建过程中要考虑国家语境、学术组织特性、新老制度交替过渡及稳定结构，以多主体协同“共治”为旨归，增强其治理的有效性。

（一）中国特色的鲜明性

高校纵向科研经费协同治理体系是国家治理体系的延伸之一，故必须坚持在国家治理视域下思考中国特色。正如我国高校治理结构全面贯彻党的教育方针，坚持社会主义办学方向，坚持“为党育人、为国育才”的立德树人办学任务。在政府—高校—纵向科研项目团队的多元治理结构间形成一种权力制衡机制，符合扎根中国大地办社会主义高校，建设具有中国特色世界一流高等教育的根本要求。

（二）科学治教的规律性

高校纵向科研经费协同治理体系的构建一定要遵循学术文化机构的组织特性，这是高校纵向科研经费协同治理的独特性，其体系构建不仅要反映不同国家独特的治理环境差异，更要呈现共性，遵循高校发展的一般规律。“双一流”建设及“放管服”改革，虽然需要各级政府科技管理部门发挥间接引导、宏观调控作用，但需通过落实高校纵向科研项目主体地位，按高校教学和科研的自身规律使纵向科研经费协同治理对保证其科技创新能力提升有着重要的支撑作用。

（三）动态平衡的适应性

高校纵向科研经费协同治理体系具有不确定性，它是伴随着不断变化的纵向科研项目

的生命周期不断实现主体—过程—资源协同的动态平衡治理。它的生命力更体现在其对高校科技创新发展水平上。特别是高校纵向科研经费协同治理体系是高校财务治理体系的次级系统，在国家治理体系的现代化不断完善的变革时期，很多方面不确定的必然性以及科技管理制度建构的有限理性，促使该体系构建必须与高校治理过程的整体运行有着“理性”的动态适应。

第五节　高校纵向科研经费协同治理体系维度构成

一、高校纵向科研经费治理中协同要素筛选

高校纵向科研经费协同治理是指通过对高校纵向科研经费治理活动，协调和开发科技资源，以创造高校纵向科研项目价值为目标，三大参与主体之间以及各个主体内部各协同要素按照一定的方式互相作用、协调配合、同步产生支配高校纵向科研经费治理系统发展的序参量，推动高校纵向科研经费治理系统有序、稳定的正向发展，进而使高校纵向科研经费治理系统整体功能倍增或放大。

（一）问卷设计

检索中国知网，得到“协同要素”文献，统计“协同要素”出现的频次数，结合高校纵向科研经费治理内涵、特征、发展和协作规律，所筛选的协同要素必须表征高校纵向科研经费协同治理的本质属性，以达到高校纵向科研经费协同治理构建体系及评价目的，这是进行高校纵向科研经费协同治理分析的出发点。总结协同要素如下（表 3-1）。

高校纵向科研经费协同要素备选　　　　**表 3-1**

协同要素					
文化协同	思想协同	目标协同	主体协同	能力协同	技术协同
采购协同	考核协同	职责协同	信息协同	资源协同	环境协同
资金协同	知识协同	业务协同	财务协同	过程协同	绩效协同
监督协同	整合协同	配置协同			

根据以上 21 种协同要素，设计“高校纵向科研经费治理中协同要素提取调查问卷”开展调研，调查问卷设计为 1～7 的形式对比重要性。调研对象是相关度较高的各级政府科技管理部门人员（5 人）、部分高校科研管理部门工作人员（10 人）、部分高校纵向科研项目团队负责人（15 人），共 30 人组成专家小组；发放调查问卷 30 份，回收 30 份，问卷回收率为 100％。

（二）描述性分析

使用 SPSS 软件分析专家问卷调查结果，对备选的协同要素进行描述性统计分析，结果见表 3-2。

高校纵向科研经费治理中协同要素描述性统计分析　　表 3-2

协同要素	个案数	平均值	标准差	方差	偏度	峰度	百分位数		
							25	50	75
主体协同	30	6.03	0.72	0.52	−0.65	1.08	6	6	6
资源协同	30	6.13	0.73	0.53	−0.78	1.25	6	6	7
过程协同	30	6.10	0.84	0.71	−0.93	0.81	6	6	7
能力协同	30	4.20	1.00	0.99	0.02	−0.30	4	4	5
业务协同	30	4.23	0.86	0.74	0.91	2.39	4	4	5
财务协同	30	4.20	1.13	1.27	−0.11	−0.58	3	4	5
配置协同	30	4.17	0.65	0.42	−0.17	−0.50	4	4	5
思想协同	30	4.17	1.12	1.25	−0.03	−0.51	3	4	5
监督协同	30	4.13	0.73	0.53	−0.21	−1.02	4	4	5
绩效协同	30	4.13	1.11	1.22	0.21	0.52	3	4	5
资金协同	30	4.10	0.71	0.51	−0.76	1.47	4	4	5
整合协同	30	4.37	1.38	1.90	−0.13	0.24	4	4	5
职责协同	30	4.13	1.04	1.09	0.11	−0.64	3	4	5
考核协同	30	3.83	1.02	1.04	−0.06	−0.48	3	4	5
目标协同	30	3.73	0.87	0.75	0.23	−1.04	3	4	4
技术协同	30	3.70	0.79	0.63	1.05	0.92	3	4	4
环境协同	30	3.53	1.20	1.43	0.11	−0.56	3	3	5
文化协同	30	3.20	1.06	1.13	−0.80	−0.19	3	4	4
采购协同	30	3.07	1.41	2.00	0.42	−0.91	2	3	4
信息协同	30	2.70	0.95	0.91	−0.62	−0.39	2	3	3
知识协同	30	2.67	1.35	1.82	−0.06	−1.29	1	3	4

从表 3-2 可知，得分均值大于 4 的为主体、资源、过程、思想、业务、配置、财务、整合、监督、职责、能力、资金、绩效 13 个方面协同要素；得分均值小于 4 的为考核、目标、技术、环境、文化、采购、信息、知识 8 个方面协同要素，因此，根据前 50%原则，选择对得分均值在前 50%，即大于 4 的前 13 个因素运用 SPSS 23.0 版进行探索性因子分析，首先进行效度分析。效度是测量结果与所要考察内容的吻合程度。计算公式如下：

$$CV=\frac{2n_e-n}{n} \tag{3-1}$$

式（3-1）中，n 代表专家总数，n_e 代表认同该指标的专家数，CV 代表评价结果。显然，CV 是在−1 和 1 之间波动的数值，越接近 1 代表该项指标越能反映测量内容，越接近−1 代表该项指标越不能反映测量内容。在一般情况下，CV>0.7 表示该指标体系的效度符合要求，计算结果为 CV=0.739。样本数据有显著性差异（$P<0.001$），提示在各个题项之间并非独立，主变量矩阵存在着共同因素，适合做因子分析。说明本书编制的“高

校纵向科研经费治理中协同要素表”能够较好地考察协同要素内容，有效性较好，数据适合进行因子分析（表 3-3）。

样本效度检验结果 表 3-3

KMO 取样适切性量数		0.739
巴特利特球形度检验	近似卡方	340.840
	自由度	78
	显著性	0.000

（三）指标变量的共同度

变量共同度代表各指标变量中所包含的原始信息能被提取的公因子所解释的程度，见表 3-4，各指标变量共同度均在 47.3%以上，因此所提取的公因子对各指标变量解释的说服力都较强。

公因子提取 表 3-4

指标	初始	提取	指标	初始	提取
1	1	0.560	8	1	0.950
2	1	**0.473**	9	1	0.842
3	1	0.567	10	1	0.935
4	1	0.956	11	1	0.937
5	1	0.628	12	1	0.736
6	1	0.783	13	1	0.966
7	1	0.919			

（四）公因子方差

在提取因子时，采用了主成分分析法，确定因子数目的标准，采用特征值≥1.0 的标准。

总方差解释 表 3-5

成分	初始特征值			提取载荷平方和			旋转载荷平方和		
	总计	方差百分比	累积%	总计	方差百分比	累积%	总计	方差百分比	累积%
1	**4.665**	35.882	35.882	4.665	35.882	35.882	4.643	35.716	35.716
2	**3.135**	24.114	59.995	3.135	24.114	59.995	3.015	23.195	58.911
3	**1.351**	10.394	70.39	1.351	10.394	70.39	1.304	10.033	**68.943**
4	0.991	8.466	78.855						
5	0.968	7.443	86.299						
6	0.646	4.972	91.271						
7	0.507	3.899	95.17						
8	0.323	2.485	97.655						

续表

成分	初始特征值			提取载荷平方和			旋转载荷平方和		
	总计	方差百分比	累积%	总计	方差百分比	累积%	总计	方差百分比	累积%
9	0.132	1.013	98.668						
10	0.07	0.536	99.204						
11	0.056	0.432	99.635						
12	0.029	0.22	99.856						
13	0.019	0.144	100						

从表 3-5 可知，“初始特征值”一栏，显示只有 3 个特征值大于 1，因此 SPSS 提取了 3 个主成分，前 3 个主成分的方差的特征值之和占全部特征值之和的 68.943%，由此可知，有 68.943%的变量能够被前 3 个因素所解释。“旋转载荷平方和”一栏，显示的是旋转以后的因子提取结果。

旋转后协同要素分析的结果　　表 3-6

协同要素	主成分		
	主体协同	资源协同	过程协同
思想协同	**0.958**	−0.007	−0.006
职责协同	**0.917**	0.005	−0.023
能力协同	**0.965**	0.029	−0.040
整合协同	0.363	**0.502**	0.153
配置协同	−0.050	**0.846**	0.086
资金协同	0.030	−0.003	**0.974**
业务协同	−0.039	−0.015	**0.969**
财务协同	−0.022	−0.097	**0.875**
监督协同	0.010	0.030	**0.968**
绩效协同	−0.014	0.088	**0.962**

由表 3-6 可知，要素载荷矩阵，可由 3 个主成分代表 10 个要素，3 个主成分要素代表了 3 组的具体内容和含义，分别是主体协同、资源协同、过程协同。因此，结合以上数据分析结果和实际情况，第一组要素之间的相互作用就构成了主体协同（思想、职责、能力）；第二组要素之间的相互作用就构成了资源协同（配置、整合）；第三组要素之间的相互作用就构成了过程协同（资金、业务、财务、监督、绩效），5 个要素的含义和包含的实际内容是预算、核算、结算。

二、高校纵向科研经费协同治理维度构成

高校纵向科研经费协同治理体系框架主要由主体、过程、资源 3 个维度的协同构成。主体协同包括三大主体内和主体群之间的结构、规模以及联合协同等，在各高校纵向科研项目中三大主体之间形成有效的组织配合与对接，形成整体治理网络，对系统内部的资源

与信息可以高效利用；过程协同包括资金、业务、财务、监督、绩效等多方面协同，对于纵向科研经费而言即为预算、核算、结算 3 环节流程协同，它可以促进三大主体在具体的纵向科研项目运作中有效协同；资源协同包括政策、项目、资金、人才、知识、技术、设施等内外资源的配置和整合协同，在高校纵向科研经费治理系统实现制度规范、组织结构统一以及文化融合基础上，再实现科技资源的协调发展与共享，以促进三大主体之间和内部沟通与协同。不同维度下的协同之间并不是相互孤立的，而是高度迭代和非线性的空间关系，它们不断互动、有机统一并形成合力，最终构成了高校纵向科研经费协同治理（图 3-3）。主体协同特点是比较抽象和宏观，偏向于理论性和方向性，它包括思想、职责、能力协同。资源协同特点是具体的和可以看见的，是投入和产出的人财物，它包括配置、整合协同。过程协同特点是非常具体的基础性的事务和活动，具有很强可操作性和实践性，它包括预算、核算、结算协同。

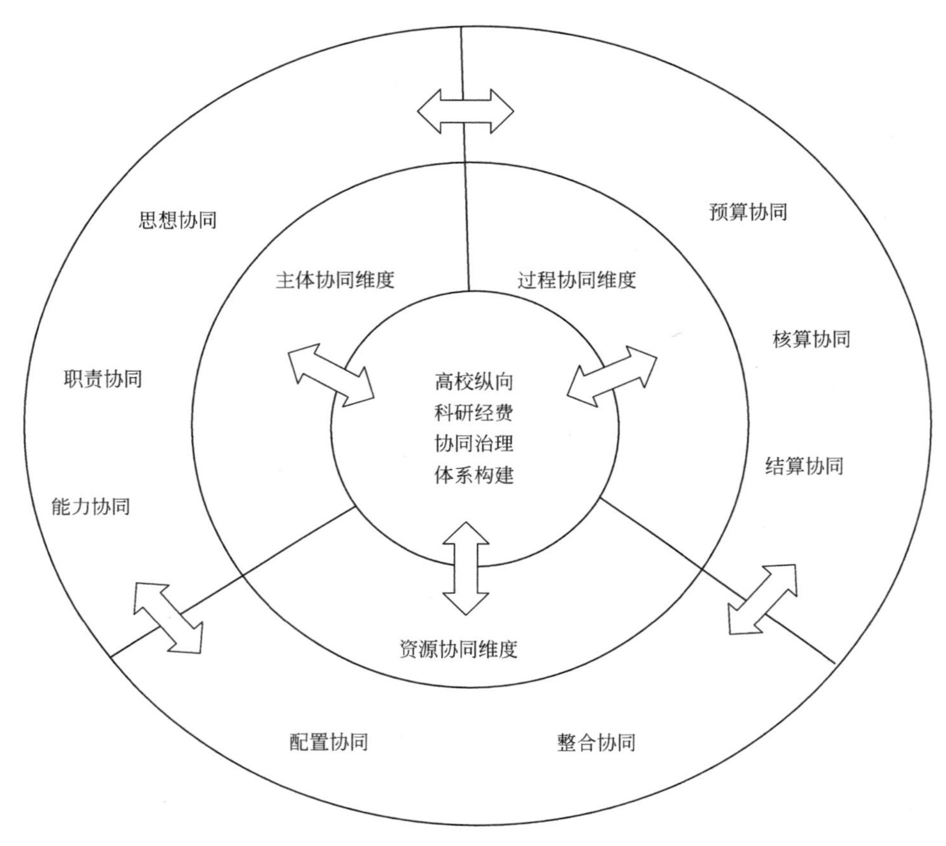

图 3-3　高校纵向科研经费协同治理维度构成

其中，主体协同是基础，三大主体之间的内、外部有效协同运转，可以提高高校纵向科研经费治理效果；过程协同是关键，高校纵向科研经费治理效果好坏有赖于治理过程中协同方式的选择与优化；资源协同是保障，内、外科技资源的高效配置与整合为高校纵向科研经费治理提供了必要保障。

第六节 高校纵向科研经费协同治理体系形成机制

高校纵向科研经费协同治理行动的形成是源于三大主体的科技创新需求。虽然三大主体参与协同治理职能不同，但内、外动力是其协同治理思想理念形成的基石。本节解析高校纵向科研经费协同治理中主体—过程—资源协同是通过何种机制实现协同的。通过对高校纵向科研经费协同治理规则和制度的分析以及主因子分析，本书筛选出的关键要素为主体—过程—资源协同 3 个维度。通过主体认同参与和信任沟通并支配运行的机制，在资金预算、业务核算、财务决算的固有机制下实现资源有效配置和互通整合协同机制，进而为构建高校纵向科研经费协同治理体系提供合理性。因此，只有三大主体的共同诉求和统一行动在高校纵向科研经费治理的主体—过程—资源协同中有效运转，才能确保协同治理活动的实现。具体形成机制从主体—过程—资源协同维度进行阐述（图 3-4）。

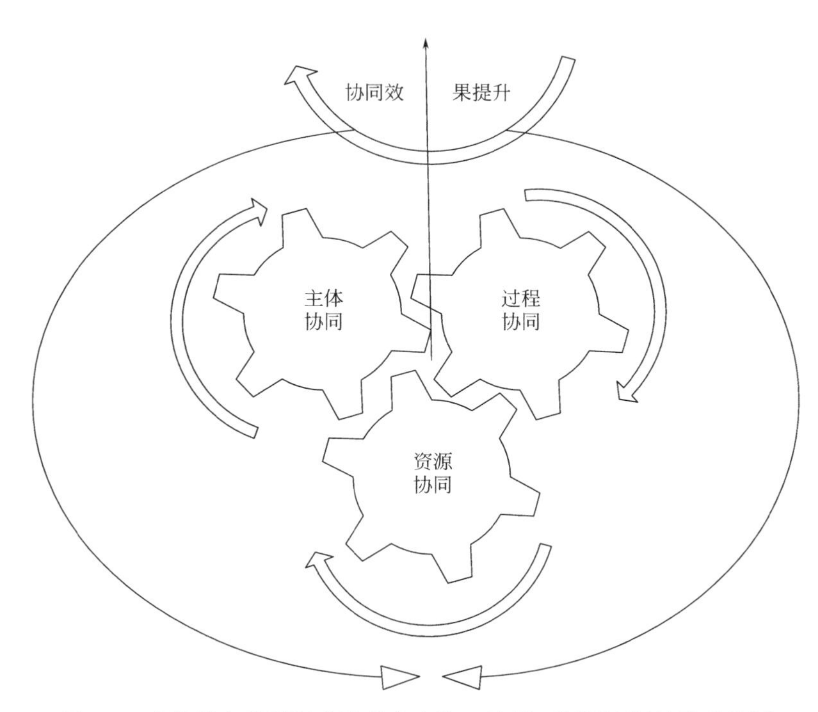

图 3-4 高校纵向科研经费治理中主体—过程—资源协同的形成机制

一、主体协同的形成机制

（一）主体认同参与机制

高校科研经费管理部门和纵向科研项目团队主动参与协同治理实践，集中体现了高校职能管理和科研人员共同拥有的科学信仰、科研价值。纵向科研项目团队的认同和主动参与是高校内部协同的动力机制；三大主体是否积极参与协同治理则取决于外部社会压力，这是因为高校所获得的每项纵向科研经费均来自社会纳税人的税金，公众对高校纵向科研经费治理效果提升期望值和廉政风险极为敏感，科研基金拨款单位也希望各个纵向科研项目团队合法合规地使用科研经费并达到科研最大收获值，这种外部压力更能促进三大主体共同参与的积极性，使协同治理理念在三大主体中得到普遍认同。

（二）主体信任沟通机制

各级政府科技管理部门采取制度性的信息传递方法及时准确地公布相关的科研信息，引导高校两大主体全面把握科学研究动向和资金拨款情况，纵向科研项目团队则利用高校科研平台与政府科技信息平台的链接，及时动态关注纵向科研项目的进展、发表个人对科技政策的意见、参与重大科研技术讨论、参与科学技术标准制定，以增加参与高校纵向科研经费协同治理的话语权。各级政府科技管理部门和高校科研经费管理部门则会高度重视纵向科研项目团队的科研进展情况及遇到的各种困境，以便及时解决，避免“年年花钱买教训”的高投入低产出的无效科研，使主体间的信任沟通成为推动高校纵向科研经费协同治理的基石。

（三）主导支配运行机制

根据“伺服”原理，三大协同要素对各自的序参量又有进一步的强化作用，周而复始，通过三大主体间能动互补的自组织行为产生主导支配作用，引导子系统从独立无序转变为协同有序，从而实现协同治理。在此过程中，三大主体基于信任与合作，形成一套互相认可的规则机制，进一步实现自组织行为达到一种持续有序的协同模式。因此，在主体支配运行机制中，需要根据高校纵向科研经费协同治理中不同特征选择适当科学的效果去识别、管理、控制序参量，以确保高校纵向科研经费协同治理顺利运行。

二、过程协同的形成机制

（一）资金预算管理机制

资金预算管理环节协同要更加关注高校科研人员对纵向科研项目预算的申报和编制工作，而且纵向科研项目团队负责人要在团队中引入科研管理人员对项目申报书进行指导，并对流程和撰写项目立项书进行相应的培训。同时，引入会计管理，规范项目预算编制的申报，了解项目的开展过程和各项财务支出核算。高校科研和财务管理部门一定要对项目预算编制进行监督与审查，为高校纵向科研项目进入研究后科研经费合法合规的使用及提高经费使用效率和效益夯实基础。

（二）业务核算管理机制

业务核算是高校科研经费管理部门与纵向科研项目团队进行动态业财融合的关键。在科研经费到账后及时跟进项目进展，单独建账立卡，避免违规使用和交叉使用。会计核算时发现有价格波动或人员变动等因素，要敦促项目负责人及时向管理部门和财务部门报备，必要时做预算调整申请，获批后方可改变经费使用范围；同时，在整个项目周期里对经费进行动态追踪，单独账户中能清晰明了地知晓项目预算、过程使用、结存记录，以确保对项目过程中的各项明细费用进行精细化管理和审核。

（三）财务决算管理机制

财务决算是高校科研信誉的保障。财务管理部门和审计监察部门要对纵向科研项目的执行过程进行审验，考核是否有经费浪费或不合理的支出；要对纵向科研项目的内部使用记录和合乎规定的账册、凭证、票据等原始文件是否真实进行科学、合理、有效的审验；对纵向科研项目的成果是否达到项目申报时的预设目标，科研管理部门要以绩效评价指标体系进行验证和评价；资产管理部门要对经招标采购的固定资产进行造册登记管理，对符合纵向科研项目结项条件和财务管理要求的，给予结项结账，并保存和追踪该项目的固定资产、资料及成果转化等。

三、资源协同的形成机制

（一）资源有效配置机制

高校纵向科研项目汇聚了所有优势资源重点攻关科学技术难题，集中了大量的国家财政拨款以及高校科技人才。除了项目及经费资源，各级政府科技管理部门还提供完善的科技优惠政策，高校为纵向科研项目团队提供教师及研究生队伍、实验场地平台、设备器械耗材及充足的科研时间，各个纵向科研项目团队提供大量的实验原始数据、科技成果、人才培养、技术创新、发明专利等，这些均为有效的科技资源。通过三大主体协同促成相互的科技资源有效配置，从政策、制度和措施上保障高校纵向科研项目活动的正常运行，实现高校有限的内部资源最优化配置和人、财、物、技、时的高效利用。

（二）资源互通整合机制

高校科研经费管理部门通过依靠各级政府财政拨款资金和部分配套资金启动纵向科研项目；按照纵向科研项目合同的预算编制合理使用和分配纵向科研经费；在项目实施过程中，为纵向科研项目团队提供科研基础设施，通过资源互通整合机制汇聚纵向科研项目团队的内外部资源；通过正式的和非正式的沟通手段，使得三大主体在充分信任、相互理解的基础上尊重彼此的科技资源及研究方向的差异，在减少科研资源重复配置的同时，有效沟通、相互协作，努力做到人、财、物的最大调配和利用，最大限度实现高校内部配置的有限资源最优化。

第七节　高校纵向科研经费协同治理体系框架构思

基于协同学中关于系统内子系统间相互依赖、配合协调形成有效体系的思想，本书提出了高校纵向科研经费治理主体协同；基于协同学中关于自组织、相变、涨落的思想，本书提出了高校纵向科研经费治理过程协同和资源协同。鉴于霍尔三维结构模型，基于协同治理理论的原理，在高校纵向科研经费治理目标明确的基础上，以高校纵向科研经费作为研究对象，本书提出“高校纵向科研经费治理三维协同体系”。在高校纵向科研经费治理中，主体维度是主体协同，资源维度是客体协同，过程维度是依托协同。主体维度是指在治理中各个参与主体发挥其综合优势，促进各主体沟通、交流与合作；资源维度是基于协同治理理念对客体进行高效的管理，达到内外资源配置整合成功；过程维度是通过打破高校纵向科研经费在目标、时间、内容上的割裂，使管理各阶段相互关联、相互渗透。根据中办发《关于进一步完善中央财政科研项目资金管理等政策的若干意见》（2016 年 50 号文件）内容，将预算、核算、结算相互联系与制约，实现高校纵向科研经费高效低耗的使用目标，以达到资源维度的高度协同。三维协同体系的核心思想就是将高校纵向科研经费治理置于三维协同“视域”中，借助一体化信息管理平台，将其信息系统整合，使该协同治理体系达到整体联动、动态运行效果。在这个体系结构中，研究对象是高校纵向科研经费，主体、资源、过程 3 个维度是高校纵向科研经费治理系统的子系统，四者相互连接、彼此渗透、持续融合的治理机制打破临界初始状态形成协同三维体系，并根据经费取得、使用、结算阶段的差异性和任务界定，对项目的进度、成本、花费采取治理措施，使治理过程向着加倍有序的协同方向发展（图 3-5）。

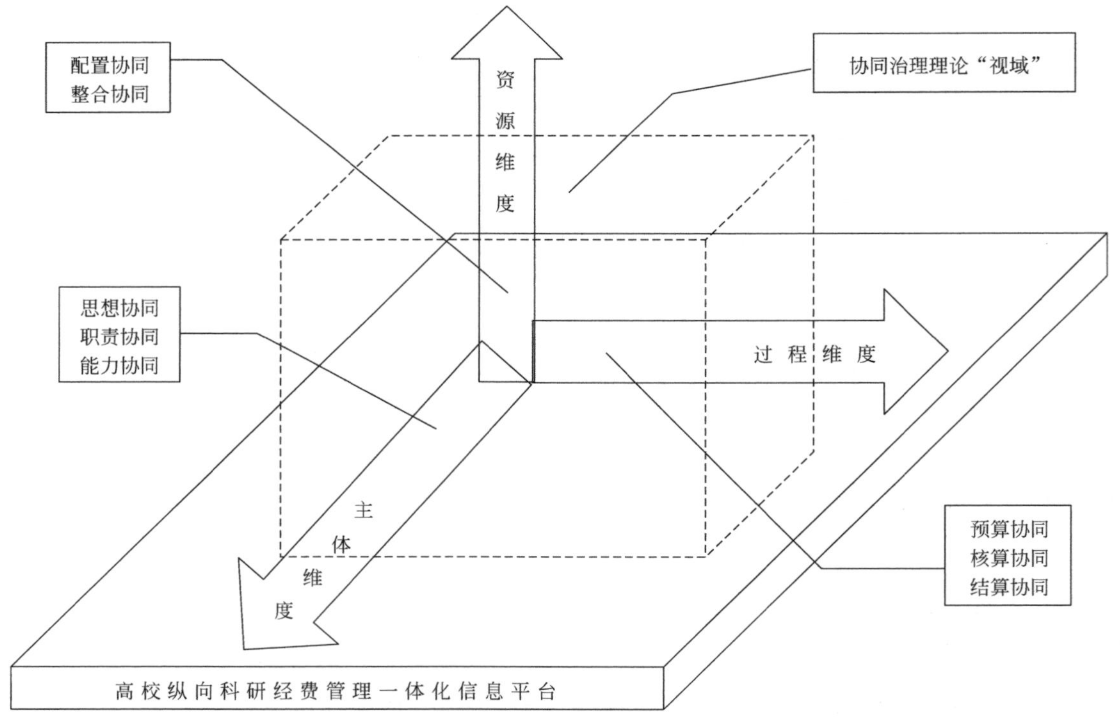

图 3-5　高校纵向科研经费治理中主体—过程—资源协同的三维体系

一、主体协同的实现

在高校纵向科研经费治理中，离开任何一个主体，其治理过程就无法实现。三大主体在其治理中发挥的职能是不同的，这取决于各个主体的思想、职责、能力。在实现主体协同时，一个重要的概念是由各级政府科技管理部门及同级拨款单位确定高校纵向科研经费协同治理目标和方向，它的作用发挥超过高校科研经费管理部门、纵向科研项目团队，使其处于配合状态，三者间的关系构成协同治理体系，呈现出一个动态的协作过程。在整个治理过程中，三大主体是动态平等的协作关系，会在不同阶段互换角色。因此，主体协同的实现是高校纵向科研经费协同治理得以实现的前提。

二、过程协同的实现

高校纵向科研经费治理中的过程协同实现与主体协同实现是不能等同的。因为三大主体结构是既定的三层三重委托关系，而过程协同是基于主体协同的前提下形成的解决实际问题的研究思路，它恰好弥补了主体协同的静态与规范研究思路的不足。因此，高校纵向科研经费治理中过程协同的实现更加契合高校科研管理的动态趋势和实际情况。

三、资源协同的实现

高校纵向科研经费治理中的资源协同实现与主体协同实现也是不能等同的。它与过程协同实现是有直接关联的，三大主体只有在主体协同中依托过程协同实现的基础上，才能实现内外资源的配置与整合协同，这是高校纵向科研经费治理中实现协同最顶层要素的直接表达。因此，高校纵向科研经费治理中资源协同的实现更加契合国家科技政策等科技资源的合理共享。

高校纵向科研经费治理中主体—过程—资源协同的实现是非常必要的，从治理内容来看，高校纵向科研经费治理中主体协同的实现并不一定会实现其资源与过程协同。也就是说，三大主体之间虽然实现了思想、职责和能力协同，但如果不将其运用于高校纵向科研经费治理实践中，其协同治理目标也同样不会完全实现；反之，如果实现了高校纵向科研经费治理中资源与过程协同，高校纵向科研经费治理中的主体协同也不一定完全实现。虽然高校纵向科研经费治理中各个阶段实现了协同，但在各个阶段三大主体的思想、职责、能力以及资源的配置与整合也不一定达到协同的最佳状态。因此，高校纵向科研经费治理中主体—过程—资源协同是无法相互替代、缺一不可的。

第八节　高校纵向科研经费协同治理体系框架内容

一、主体协同

在高校纵向科研经费治理主体中，三大主体分别形成了一个相对封闭的子系统。政府层面的科技主体是以各级政府科技管理部门及同级拨款单位一起构成以政府要素为核心的子系统，面向高校及其他科研机构展开纵向科研经费管理活动。高校层面科技主体是以科研经费管理部门一起构成以组织要素为核心的子系统，在系统内部解决高校纵向科研经费管理需求和服务供给。纵向科研项目团队负责人及合作的科研人员一起构成以科研活动要素为核心的子系统，实现高校科研人员科技创新，科技利益诉求表达和传递，合法合规地使用纵向科研经费，并参与民主管理纵向科研经费等自组织的价值目标。三种不同性质的主体在高校纵向科研经费治理活动中职责、能力、资源存在着较为复杂的不同，因此，要深层次地分析这些不同性质的主体在高校纵向科研经费治理中目标、职能、作用、地位、诉求等特征及相互存在的委托代理关系，发挥各自优势，实现子系统之间的协同。高校纵向科研经费治理中主体协同是较为复杂的，它包括政府部门间、高校科研经费管理相关部门间、纵向科研项目团队间的纵、横向协同。各级政府科技管理部门协同主要是指各级政府科技管理部门之间在各个环节实现相互协调配合，高校科研经费管理部门协同是指与科研经费管理相关部门之间工作人员的协同，纵向科研项目团队协同主要是指纵向科研项目团队负责人及合作的科研人员之间的协同，三大主体内的横向小协同是基础，三大主体间纵向大协同是纽带。主体协同定位是思想、职责、能力协同。在高校纵向科研经费治理中实现主体协同，必须明确职能定位和具备协同思想，能力协同是思想和职责协同的保障，因此，要想实现高校纵向科研经费治理中主体的高度协同，必须同时实现高校纵向科研经费治理体系内治理主体间的复合型协同。

（一）思想协同

是指三大治理主体在思想意识上将高校纵向科研经费治理活动放在首要地位，不忽视、不牺牲高校纵向科研经费的国家科技公共利益目标。

（二）职责协同

是指三大治理主体在具体的纵向科研项目经费治理活动中明确各自的“权责利”，对治理中的每一个阶段主动承担责任。

（三）能力协同

是指三大治理主体在承担自身职能的同时应有客观能力的匹配，并与高校纵向科研经费治理的整体需求相符。

二、过程协同

高校纵向科研经费管理过程包括经费取得、使用、结算 3 个阶段的预算、核算、结算等业务环节。过程协同是指高校纵向科研经费治理中，三大主体在业财融合过程中的各个阶段、各个环节相互协调配合，才能保障高校纵向科研经费治理活动顺利完成并实现治理目标。在这个治理过程中，三大主体与之对应，实现交流和协作，共同完成预算管理协同、核算管理协同、结算管理协同。

（一）预算协同

对于纵向科研项目团队负责人来讲，纵向科研经费预算是指导科学研究中合理开支的依据，也是经费结算时的对照标准。对于高校科研经费管理部门来讲，纵向科研项目经费预算是评价、评审和批准项目科研经费资助额的参考依据，由于高校科研经费治理中参与主体对科研资源和信息的掌握存在差异，因此在纵向科研项目经费预算执行过程中会出现各种问题，比如预算编制方法欠缺、预算编制缺乏专业指导、预算审核效果不佳等，导致纵向科研经费预算不够细化，缺乏规范性和可操作性，由此产生了如何实现资金预算管理协同的问题。

（二）核算协同

高校财务管理人员必须对纵向科研项目团队使用的每一笔账目进行有效的管理和监督，不能有“管理尺度”差异，纵向科研项目团队的科研人员不能错误地认为高校加强纵向科研经费管理是阻碍科研工作的开展，捆绑科研人员的手脚。针对高校纵向科研经费业务核算管理问题，不同的主体基于不同的思想、价值、认识、信用，会做出不同的方案选择。会计核算科目一定要根据纵向科研项目预算设定进行，该科研项目团队科研人员的劳务费、水电费也归入成本，而每所高校的纵向科研项目团队均执行此协同方案就有可能避免发生矛盾或冲突，由此产生了如何实现资金预算管理协同的问题。

（三）结算协同

结算管理是指在高校纵向科研项目完成时，由纵向科研项目团队负责人根据该项目的科研花费编制经费决算表上报，并由财务管理部门审核方可盖章。但是在实际运行中，普遍存在“结题不结账”的情况，使结余经费长期挂账；在结算时应按照事先制定的经费奖罚制度，对于节约、高效、低耗使用科研经费的纵向科研项目团队负责人给予物质奖励，对于科研项目完成不符合任务要求、弄虚作假的纵向科研项目团队负责人，则要给予严厉惩罚，扣除其津贴和工资，甚至停止其项目继续进行。基于以上方面因素，产生了如何实现财务结算管理协同的问题。

三、资源协同

高校纵向科研项目的资源分为外部资源与内部资源，外部资源包括政治、经济、法律以及自然等因素，而内部资源分为独立资源和系统资源，独立资源是各个纵向科研项目团队内部封闭的资源，一般无法进行协同；而三大主体的公用资源即外部资源和系统资源协同则对纵向科研项目有着至关重要的影响。高校纵向科研经费协同治理取得成功的重要保障是充足的经费预算和其他科技资源的支持，由此产生了如何实现资源协同。

（一）配置协同

高校纵向科研经费这种优势资源在纵向科研项目团队之间应进行合适的分拨，使其花在刀刃上。如果使用不当，无法在预算内完成项目，增加纵向科研项目经费成本，就会严重降低纵向科研效率，由此产生了如何实现资源配置协同的问题。

（二）整合协同

高校纵向科研经费协同治理过程本身就是对这些资源重新分配的过程，不同的科技资源是不同主体目标下的产物。让不同的主体拿出最大限度的科技资源，这对高校纵向科研项目的实施是非常有利的。所有科技资源必须与三大主体协同目标密切联系，使其达到最佳的资源整合，由此产生了如何实现资源整合协同的问题。

高校纵向科研经费治理是一套自上而下、自下而上的三大主体协同的系统工程，需要政府层面、高校管理层面、科研人员层面的主体之间和主体内部各个部门与科研人员互相配合，协同作战。任何一个协同缺乏或不足，都会导致高校纵向科研经费协同治理的整体失败，这符合管理学的“木桶效应”。因此，对高校纵向科研经费管理的 3 个阶段的主体—过程—资源协同都应一视同仁，不可偏废。三大主体在高校科研经费管理预算、核算、结算、监督等环节必须在经费的取得、使用、结算阶段进行有效协同；同样，在管理的 3 个阶段也要求三大主体都参与其中，主体协同在过程协同中完成资源协同，最终实现高校纵向科研经费治理中主体—过程—资源高度协同的理想状态。

第四章　高校纵向科研经费协同治理模型构建

本章拟构建高校纵向科研经费协同治理模型，并对研究假设进行科学验证，旨在厘清高校纵向科研经费协同治理效果的正向影响关系及其路径。首先，概述模型构建的总体思路；其次，通过梳理具有代表性的协同治理模型特点，甄选关键要素构建高校纵向科研经费协同治理模型；最后，提出研究假设并进行验证，为其体系深入研究提供可靠的佐证。

第一节　高校纵向科研经费协同治理模型构建思路

构建高校纵向科研经费协同治理模型的目的，在于对高校纵向科研经费协同治理的实际运作进行更准确的描述。高校纵向科研经费协同治理模型的构建思路应该是按照协同治理运作逻辑进行，明确其协同治理的目标、主体、支撑、方式。

首先，明确协同治理的目标。高校纵向科研经费协同治理目标是在符合国家科技政策与新《会计法》的规定下，在各级政府科技管理部门及同级拨款单位和高校科研经费管理部门推动引导下，高校纵向科研项目团队能够合法合规地使用科研经费，并提高科研经费的使用效率。

其次，明确协同治理的主体。随着各级政府科技治理的改革推进，高校纵向科研经费管理已由一元化管理模式转变为各级政府科技管理部门、高校科研经费管理部门、纵向科研项目团队三大主体共同参与管理的协同模式；通过合理的制度设计和科技环境来保证三大主体地位平等、有效协作，以实现预期的目标。

再次，明确协同治理的支撑。高校纵向科研经费协同治理运行过程中，还需要各种工具及机制来帮助其运行得更加协调有效，真正实现整合大于单个总和的目的。高校纵向科研经费协同治理的实现既需要一种结构性方案和足够灵活的运行模式，更有赖于采用共同的政策、标准、协议、信息，以确保可能实施的普适性框架。

最后，明确协同治理的方式。各个协同要素在高校纵向科研经费协同治理中的协同关系及协同路径能否有价值地运行，以确立协同方式。

因此，选取与之相关的协同环境、协同动因、协同主体、协同资源、协同过程、协同治理效果等 6 个重要内容，逐一分析其在模型中的重要价值。

一、协同环境

2021 年 8 月印发的《国务院办公厅关于改革完善中央财政科研经费管理的若干意见》（国办发〔2021〕32 号）明确提出了改进科研绩效管理和监督检查的 6 项 22 条规定，为高校科研工作提供了新的制度环境；同时，在“十四五”规划期间，各级政府下拨纵向科研经费增长10%以上，为高校的人才发展、资源整合和规模扩张、成果转化等方面提供了必要的资金支持。除此之外，高校大量引进人才从事科学研究，丰富了科研资源和后备力量，通过技术支持手段让科研人员得到丰富的实践机会和经验积累；信息建设和文化环境又为三大主体参与高校纵向科研经费协同治理增添了有力的工具，成为高校纵向科研经费协同治理的基础要素[122]。

二、协同动因

协同动因的形成取决于3个条件：

（一）起始条件

这是实现高校纵向科研经费协同治理的决定因素。各级政府科技管理部门及同级拨款单位因受到财力、人力、能力等诸多因素的影响，急需与高校两大主体协同[123]。高校科研经费管理部门具有在纵向科研经费管理服务中替代政府或发挥补充作用的优势，它的协同动因取决于政府科技拨款支持[124] 以及自身的科技目标、定位架构、各种资源的取得机会及参与协同治理的价值。纵向科研项目团队的协同动因取决于科技项目的管理、自身知识的创造、社会价值的实现等需要。三大主体的动因虽不相同，但纵向科研项目经费的三重三层委托关系吸引三大主体协同行动。

（二）催化领导

这是确保高校纵向科研经费协同治理的主导力量。政府作为主导主体，始终体现出为解决高校纵向科研经费协同治理困境而坚持对其采取协同治理方式以及敢于承担该方式可能带来的高成本及诸多不确定性的勇气。通过完善相关法规和管理办法，强化纵向科研经费的动态监管，加大宣传科研经费政策的力度等具体措施，服务于其他利益相关主体，构建主体协同模式来促使三大主体之间的纵向协同，以达到催化领导作用[125]，确保三大主体协同过程呈现出有序性。

（三）制度设计

这是保障高校纵向科研经费协同治理的合法程序。制度设计要求参与协同过程的渠道具有开放性，流程具有通透性，主体具有多元性，能够推动高校纵向科研经费协同治理进程，提升其稳定性。在高校纵向科研经费治理体系中，三大主体随着外部环境、项目团队的构成、不同过程阶段的变化会做出适当调整，形成最适合的治理结构，通过决策制度的设定、起始条件和催化领导等因素全面考虑三大主体的利益是否合法合规，并解决三大主体的权力平衡。

三、协同主体

协同主体的准确选择是取得协同治理效果的前提和后续行为的基础。高校纵向科研经费治理中的协同主体必须是参与高校纵向科研项目全过程管理的政府、高校和其团队，政府科技管理部门是引领高校纵向科研项目的主角，高校是纵向科研项目和经费的具体执行机构，而纵向科研项目团队是高校科技创新的主力军，三大主体协同对合法合规地使用高校纵向科研经费承担着相应责任。

四、协同资源

协同资源是指高校纵向科研经费协同治理中三大主体各自拥有并且能够直接支配的不同资源要素，而将稀有资源分享与共同使用更是高校纵向科研经费协同治理的优势[126]。只有很好地把握三大主体在治理过程中的有效资源协同，才有助于改善高校纵向科研经费治理中人、财、物、权、时、技的资源整合协同效应。

五、协同过程

在高校纵向科研经费治理中，协同过程是一个复杂的动态循环过程，是高校纵向科研经费协同治理成败的关键阶段。高校纵向科研经费协同治理建立在三大主体相互信任、目标一致的合作基础上，由各级政府科技管理部门主导，与高校科研经费管理部门和纵向科研项目团队一起从有效沟通、增进信任、达成共识、积极参与、资源整合到取得阶段性成果，形成一个完整的过程，符合“输入—生产过程—输出—结果”四个维度构成的协同过程。有序高效的协同过程需要三大治理主体将自身优势、规范标准、优质资源进行共享，将协同优势和成果反馈到协同过程中，才能达到协同治理效果。当新的问题和任务出现时，协同过程又从协同动因开启下一个循环单元。协同治理最主要的目的是取得单个参与主体无法独立完成的治理成果[127]。协同治理的任何成果都是通过协同过程来实现的，因此，协同过程是高校纵向科研经费协同治理模型的研究重点。

六、协同治理效果

对于高校纵向科研经费协同治理来说，第一层面存在着内外部环境、资源和三大主体群的利益协调与合作，第二层面存在着高校纵向科研经费治理体系下的各子系统之间的协调与配合。在体系内的各个子系统会产生各自的独立效应，但系统的整体效应即协同效应：

$$SE = F(S) - \sum_{n-1}^{n} F(x_i) \qquad S = f(x_1, x_2, \cdots, x_n) \tag{4-1}$$

式（4-1）中，SE 表示协同效应，$F(S)$ 表示系统 S 产生的效用，$F(x_i)$ 表示 x_i 产生的效用。

在高校纵向科研经费协同治理中，三大主体协同完成共同目标是主体对协同要素的执行结果，从而产生协同治理效果。

第二节　高校纵向科研经费协同治理模型构建

通过梳理具有代表性模型的特点，基于协同治理理论特征，本书构建了高校纵向科研经费协同治理模型，并提出假设予以验证，为其体系深入研究提供可靠的佐证。

一、协同治理研究相关模型参照

（一）SFIC 模型

安塞和盖什两位学者通过对来源于不同国家的公共事务领域的 137 个协同治理案例进行数据分析，从起始条件、制度设计和催化领导对协同过程这 4 个变量的运行得到协同效果，并明确其核心变量是协同过程，突出了协同过程的内部复杂性，最后创设了以上 4 个变量组成的模型（图 4-1）[128]。作为经典模型，它相对静态基础化，没有考虑协同治理与外部环境的互相关联，阐述协同过程也很简略，未对协同治理后果进行分析，使其无法摆脱“线性结构”，存在着诸多缺憾。但其最大优点是在模型框架中仔细描述了那些对协同过程运行有影响的变量，使其具有普适的潜力，被后来的学者广泛应用于公共事务协同的案例研究中。

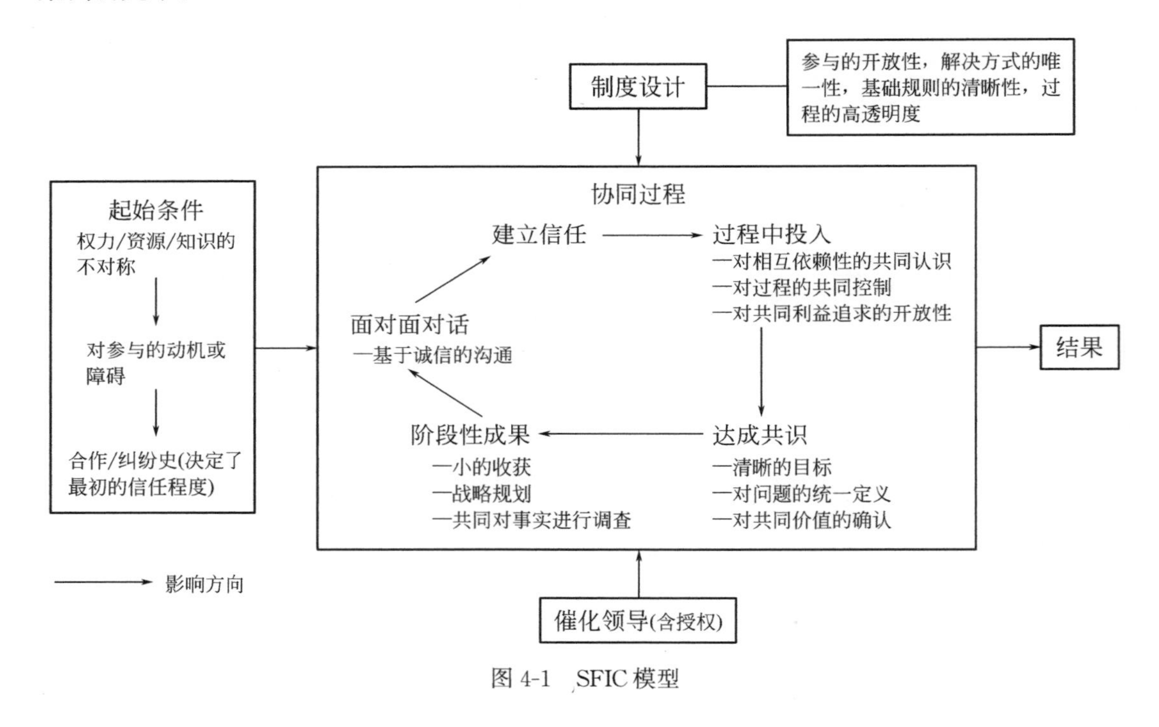

图 4-1　SFIC 模型

（二）立体式模型

柯克·爱默生等学者基于安塞和盖什创建的 SFIC 模型，构建了以动态迭代、立体化方式运行的“系统环境—驱动程序—协同动态机制—协同行动—协同结果”嵌套模型（图 4-2）[129]，明确其核心变量是“动态协作”，突出了核心三要素置于协同背景中，并进行着能量交换，即将此模型描绘成立体空间结构。该模型用一个椭圆代表协同所处的系统环境对协同机制运行的影响，认为相互依赖、激励机制、促进领导等驱动机制的变量有助

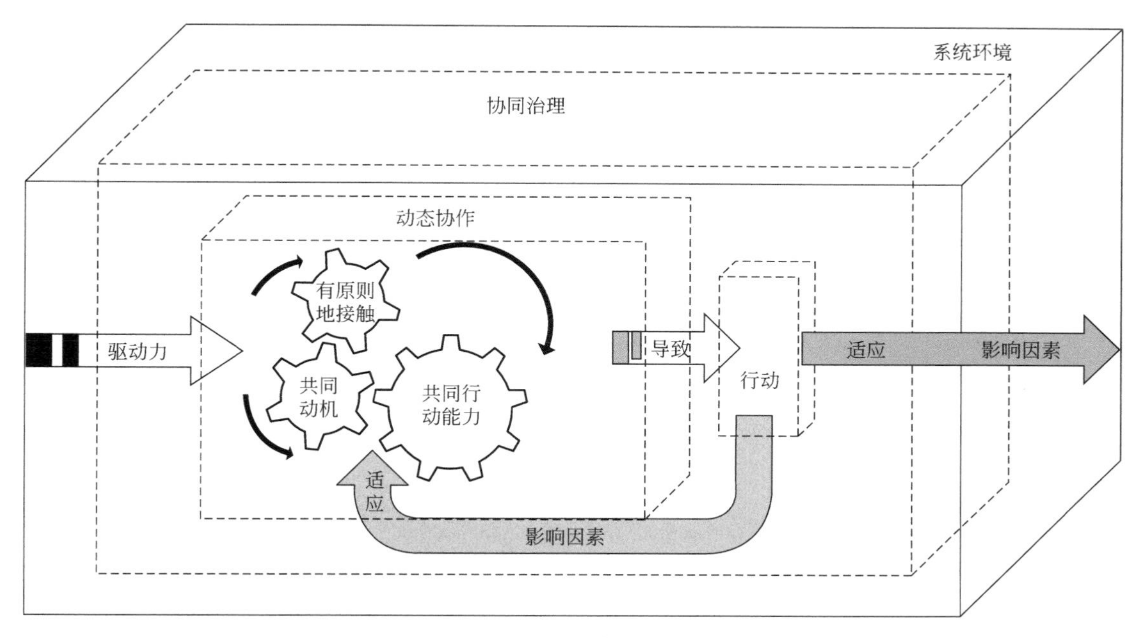

图 4-2 嵌套模型

于启动协同动力机制。而有原则地接触、共同动机及共同行动能力等协同机制经过持续循环引导协同行动产生结果；同时，这个结果也会增强系统对环境的适应性。该模型是对传统研究的创新与突破，是协同治理理论研究的新近成果。

（三）多中心模型

学者王世龙对涉及政府部门、市场经济实体、社会慈善组织等多个社会主体的公益慈善事业治理进行研究，借鉴 SFIC 经典模型，扩展成“多中心”治理结构；在外部环境中，这些主体实现系统环境下的有效治理。明确提出该模型的核心变量是“协同循环过程”，突出了多主体要素和内外部因素这两个变量。该模型的构建是将不同实体的过程分为过程输入、共识、阶段性成果、面对面交流、建立信任等 5 个部分，形成内部的过程循环圈。这 5 个部分缺一不可、无先后顺序，促进了多中心合作治理过程实现。在此过程中，3 个实体发挥各自不同作用，其中政府部门作为制度设计，慈善组织作为促进领导，市场经济实体作为参与公益慈善事务协同治理的起始条件，从而完成这 3 个实体的责任、运作模式和过程（图 4-3）[130]。

（四）综合模型

学者田培杰以 SFIC 模型为基础做出进一步修改，设立了综合模型（图 4-4）[131]。此模型拓宽了研究范畴，明确将外部环境和协同后果置于协同治理的整体过程中，强调环境变量是启动协同的重要基础，它会影响主体结构变化及相互参与的关系，并持续作用于整个运行过程。采用“协同引擎”新概念与协同行为一起推动协同治理过程，弥补了 SFIC 模型的“线性结构”，将协同治理作为一个动态的系统进行描述和研究，构建关键因素自变

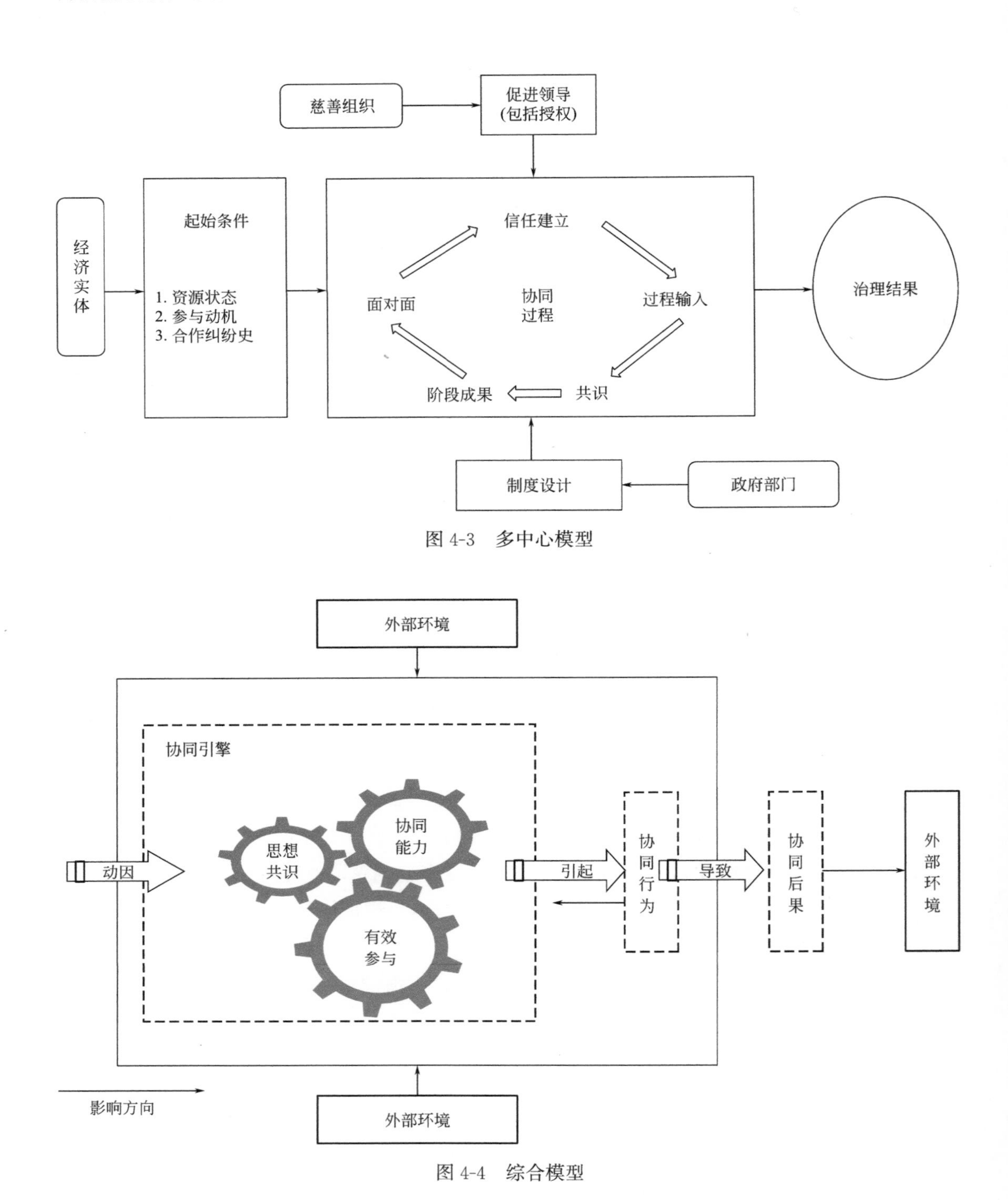

图 4-3　多中心模型

图 4-4　综合模型

量、中间变量与因变量之间的互动关系，具有更加广泛的适用性。

虽然 SFIC 模型、立体式模型、多中心模型、综合模型等国内外较为成熟的普适性协同相关模型在各自设计的角度上具有相应的优势和不足，但这些学者都强调“环境”“条件”“结构”“驱动”“行为”“过程”“结果”等构成要素，这种普适性协同模型均有一个共同的特性——过程持续性和周期反复性，其协同过程表现出“启动—行动—阶段性结果—新行动—新阶段性结果……”的非线性特征。尤其是爱默生等学者建构的立体式模型和我国学者田培杰建构的综合模型有着极为相似的结构。

二、高校纵向科研经费协同治理模型

通过分析总结并借鉴上述国内外较为成熟的协同治理模型，本书提出构建高校纵向科研经费协同治理模型的完善思路，尝试对高校纵向科研经费协同治理实践中所共有的内在因素进行综合描述，梳理高校纵向科研经费协同治理形成及运作的结构和机制，通过将动因、主体、资源、过程共同置于环境中产生效果，遵循协同的基本逻辑，描绘高校纵向科研经费协同治理模型（图 4-5）。此模型明确其中间变量是协同过程，但同样强调协同环境背景下的主体—过程—资源协同运作及其影响，在协同环境和协同动因下，构建“主体—过程—资源协同”运行过程的高校纵向科研经费协同治理模型。

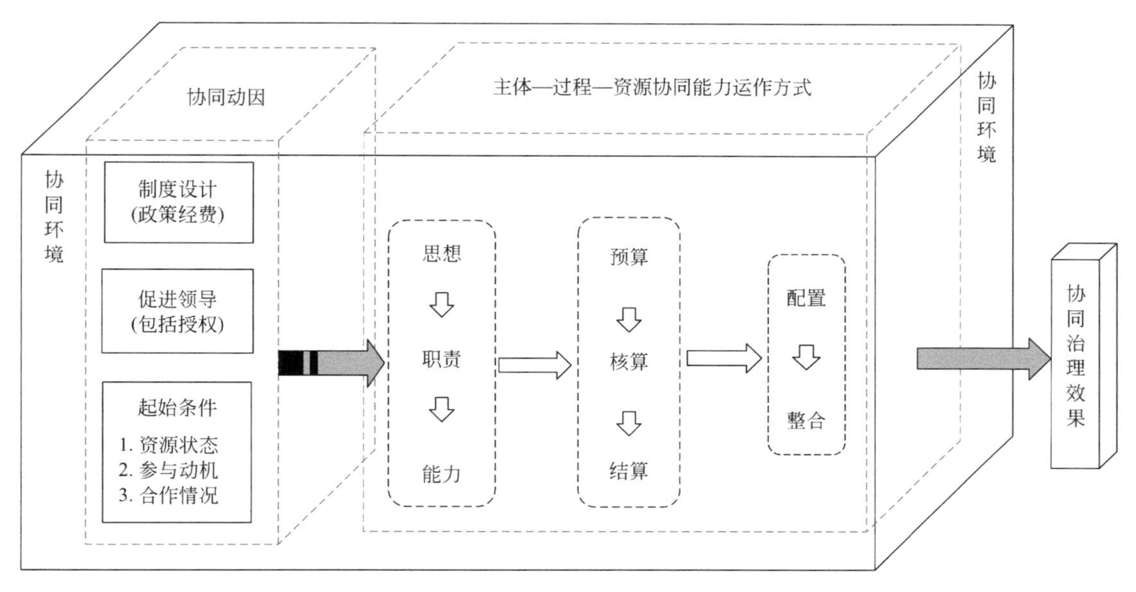

图 4-5 高校纵向科研经费协同治理模型

资源状态、参与动机、既往合作情况等起始条件是高校纵向科研经费利益相关的三大主体达成合作时已具备的条件及影响初始信任的决定因素；催化领导是确保高校纵向科研经费治理结构、目标及过程的主导力量，是促成三大主体协同治理结构的关键要素；制度设计是三大主体参与协同程序的合法性保障，以上三者是协同动因的全部组成，是启动协同过程的内部驱动力；在协同过程中，经费“取得—使用—结算”三阶段进行“预算—核算—结算—阶段性成果”四个节点的连续过程，实现主体—过程—资源的协同运行，从而启动一次具体的协同实践的闭合式循环过程。而协同环境则是其协同过程启动的作用力，在此之后，各种协同环境不断地演化更新，又会产生新的困境，经过一轮又一轮的协同过程，不断地解决各种困境。在使用本书所构建的模型时，需要理解整个协同过程中的一个重要节点，即协同治理效果：通过对三大主体的影响、评价和问责[132]，可以对协同治理过程中出现的失责行为进行纠偏，达到有效的监督，确保协同要素在运行过程中按照既定轨道运行，及时化解不良后果，使协同治理中存在的问题得到有效解决，协同治理效果得到落实，即科技创新取得科研成果落地，纵向科研经费使用效率提升明显，高校相关的外部组织或公众给予认可，科研经费管理专业价值得以实现。

第三节　高校纵向科研经费协同治理模型假设提出

一、研究假设提出

根据上一节研究所得到的高校纵向科研经费协同治理模型，本书以协同环境（Collaborative Environment，CE）、协同动因（Collaborative Agents，CA）、协同主体（Collaborative Subjects，CS）、协同资源（Collaborative Resources，CR）为自变量，以协同过程（Collaborative Process，CP）为中介变量，以协同治理效果即协同效应（Collaborative Governance Effect，CGE）为因变量，提出相关假设。

（一）协同环境

在高校科技实现其业财融合的背景下，高校纵向科研经费协同环境——政治、经济、文化、社会、法律、技术等因素是较为完善的，因此，它是可以促成高校纵向科研经费协同治理实践的开展，并成为其能否开始的重要基础。在此过程中，协同环境不仅可以影响三大主体治理结构变化及其相互之间的关系，还可以影响协同目标的达成。但三大治理主体的战略行为也同样会影响协同环境。因此，提出假设 H1a、H2a、H3a。

（二）协同动因

三大主体之间存在着对纵向科研经费使用的认知偏差、曾经的合作经历，而且三大主体自身拥有的资源、权力并不均等，在参与治理过程中话语权差异很大、可能的协同动机或阻碍等基础状况不同，这些初始条件的不同都会直接影响其协同治理效果的提升。如果参与的三大主体对纵向科研经费使用管理的状况及可能存在的问题严重性有统一认识及信息对等，那么三大主体更容易在行动上相互促进、协同共进。因此，提出假设 H1b、H2b、H3b。

（三）协同主体

各级政府科技管理部门的高效引导及有效授权，可以极大地促进纵向科研项目团队主体的主动参与意识及参与行动。高校科研经费管理部门主体的督促及推进可以给三大主体的积极参加提供有效的引导作用，各级政府科技管理部门作为引导主体，能够确保高校科研经费管理部门和纵向科研项目团队建立其共同目标。因此，提出假设 H1c、H2c、H3c。

（四）协同资源

高校纵向科研经费协同治理资源是不是处于完善的状态，会对三大主体的持久利益合作有着深远的影响。在高校纵向科研经费治理中，制度设计的好坏，是否具有合理性，可以为高校纵向科研项目团队主体提供一个公正、透明的协同环境，以确保三大主体相互理解与支持，是其协同链条坚不可摧的支撑，并最终实现三大主体之间高效有序的协同，获得协同治理的正效应。因此，提出假设 H1d、H2d、H3d。

各变量之间的假设如下：

H1a：CE 正向影响 CGE

H1b：CA 正向影响 CGE

H1c：CS 正向影响 CGE

H1d：CR 正向影响 CGE

H2a：CE 正向影响 CP

H2b：CA 正向影响 CP

H2c：CS 正向影响 CP

H2d：CR 正向影响 CP

H3a：CP 在 CE 与 CGE 之间起着中介作用

H3b：CP 在 CA 与 CGE 之间起着中介作用

H3c：CP 在 CS 与 CGE 之间起着中介作用

H3d：CP 在 CR 与 CGE 之间起着中介作用

根据高校纵向科研经费协同治理模型假设条件，CGE 是因变量，CP 是中介变量，CE、CA、CS、CR 是自变量，各变量之间的关系见图 4-6。

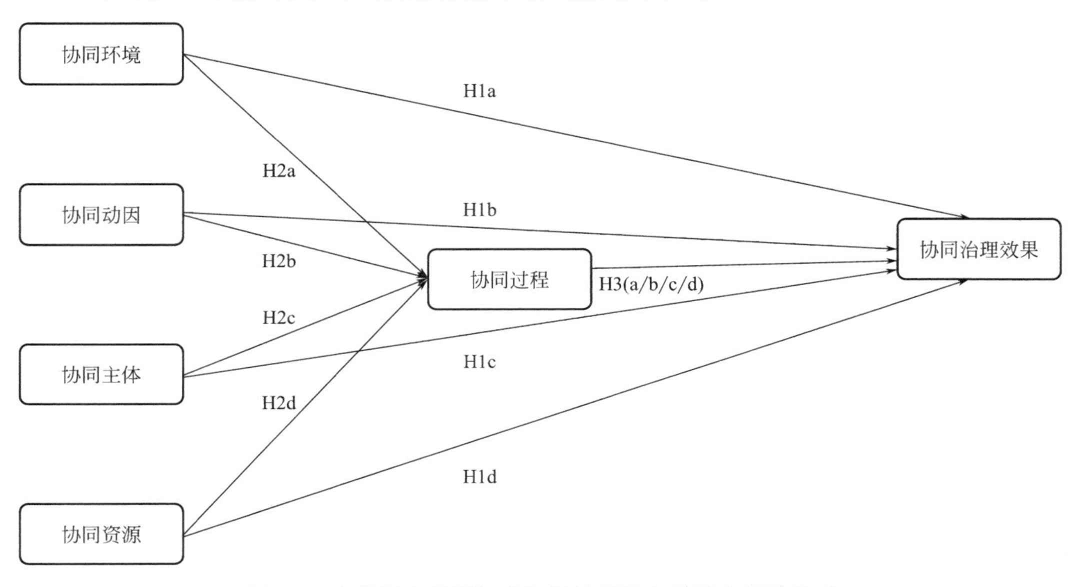

图 4-6　高校纵向科研经费协同治理的变量研究假设关系

二、模型指标设计

（一）协同环境指标设计

协同环境是指政策指导、法律法规、资金支持、科研设施、信息环境、科技现状、创新思维、人力资本、产权保护等环境。信息化建设的基础设施在高校纵向科研经费协同治理中是不是能够维持好的状况，本书以 CE_1 表示；信息沟通平台建设是不是能够为三大主体参加协同治理提供中介作用，本书以 CE_2 表示；参与高校纵向科研经费治理的法律法规及相关制度与规则、政策支持力度以及参与主体对科研经费管理的能力等，本书以 CE_3、CE_4 和 CE_5 表示。良好的文化技术环境和诚信教育有助于推动高校科技创新效果，本书以 CE_6、CE_7 表示。协同环境指标设计见表 4-1。

协同环境指标设计　　表 4-1

编号	表述	参考文献来源
CE_1	信息化建设基础设施在科研经费管理中应用流畅程度	杨明欣、尤圆、李志良、卢黎、张栋梁、毛亮、宋京芳
CE_2	信息沟通平台建设能为治理主体参与提供帮助	
CE_3	针对高校纵向科研经费管理的法律法规及相关制度与规则	
CE_4	政策支持力度	
CE_5	参与主体对科研经费管理的能力	
CE_6	良好的文化技术环境能提升高校科技创新效果	
CE_7	所在高校重视科研人员诚信教育	

（二）协同动因指标设计

假如三大主体资源及权利失去平衡，就从一个侧面反射出它们之间的地位有所不同。对科研信息获取和管理状况知晓是否存在缺陷，本书以 CA_1 表示；假如协同动机同样受三大主体之间资源与权利的影响，会影响它们的协同参与意向，当出现矛盾时，其妥协能力及参与结果的预期和解决问题方式以及各级政府科技管理部门是否制定出清晰的制度决定了三大主体的协同治理秩序，并决定它们的参与意愿，本书以 CA_2、CA_3 表示；另外，三大主体之前已经存在过合作的经历，就会为此次协同奠定基础，本书以 CA_4 表示。协同动因指标设计见表 4-2。

协同动因指标设计　　表 4-2

编号	表述	参考文献来源
CA_1	三大主体之间地位不同，对科研信息获取和管理状况知晓是否存在缺陷	杨明欣、尤圆、李志良、卢黎、张栋梁、毛亮、宋京芳
CA_2	三大主体影响协同参与意向及参与结果的预期	
CA_3	政府部门是否制定清晰的制度决定了三大主体协同治理的秩序	
CA_4	三大主体之前有过合作经历奠定了协同治理的基础	

（三）协同主体指标设计

各级政府科技管理部门对于推动协同治理过程有序进行是至关重要的主导主体，起着引导合法合规地使用纵向科研经费的作用，本书以 CS_1、CS_2 表示；同时，要减少其他因素对催化领导核心地位的影响，尤其是三大主体对于参与协同治理模式的认同与否，本书以 CS_3 表示。需要高校两大主体对纵向科研经费治理进行意见反馈，而各级政府科技管理部门能否及时听取意见及反馈、履行职责，不断完善各级政府科技管理部门应有的领导角色，本书以 CS_4、CS_5 表示。协同主体指标设计见表 4-3。

协同主体指标设计 **表 4-3**

编号	表述	参考文献来源
CS_1	政府科技部门在高校纵向科研经费协同治理中承担主要角色	杨明欣、尤圆、李志良、卢黎、张栋梁、毛亮、宋京芳
CS_2	高校科研人员合法合规合理支出科研经费	
CS_3	对高校纵向科研经费协同治理模式认同与否	
CS_4	对纵向科研经费协同治理提出建议和反馈	
CS_5	政府科技部门能否及时接受建议或意见并进行改进	

（四）协同资源指标设计

三大主体积极参与纵向科研经费治理是否有科技政策和法律法规保障及具体执行情况，本书以 CR_1、CR_2 表示；假如解决高校纵向科研经费管理困境是三大主体协同参与的唯一文化，必然会提高他们的参与意愿，本书以 CR_3 表示；三大主体对与高校纵向科研项目相关的科技资源利用情况，本书以 CR_4 表示；在高校纵向科研项目实施时，三大主体对各种科技资源的共享情况，本书以 CR_5 表示；高校纵向科研项目在使用实验室设备时是否合理，本书以 CR_6 表示。协同资源指标设计见表 4-4。

协同资源指标设计 **表 4-4**

编号	表述	参考文献来源
CR_1	科技政策、法律法规保障	杨明欣、尤圆、李志良、卢黎、张栋梁、毛亮、宋京芳
CR_2	科技制度执行情况	
CR_3	协同文化的建设情况	
CR_4	科技资源的有效利用程度	
CR_5	各种科技资源共享的水平	
CR_6	实验室设备使用合理性	

（五）协同过程指标设计

协同环境的顺畅度促使三大主体加强沟通增强信任，建立良好的沟通渠道，本书以

CP_1 表示；三大主体之间在协同时必须尽职尽责，本书以 CP_2 表示；三大主体之间认为自身利益与目标关联密切时，必然会增加治理投入，本书以 CP_3 表示；三大主体之间既要清晰地认识协同目标，又要确切地认识协同结果，明确协同合作的预期目标，本书以 CP_4 表示；三大主体在协同治理机制构建中需要增加合作意识，本书以 CP_5 表示；三大主体积极有效地参与和整合科技资源、不断提高引导主体—过程—资源协同的行为，本书以 CP_6 表示；纵向科研项目团队所在的高校对纵向科研经费管理政策执行情况监督程度，本书以 CP_7 表示；高校纵向科研经费治理主体在协同过程中是否初见成效，有利于进一步激发主体间合作意愿，本书以 CP_8 表示。协同过程指标设计见表 4-5。

协同过程指标设计 **表 4-5**

编号	表述	参考文献来源
CP_1	高校和政府及项目主体在科研经费治理中的沟通渠道或平台是否通畅	杨明欣、尤圆、李志良、卢黎、张栋梁、毛亮、宋京芳
CP_2	政府和高校及项目主体在科研经费治理中能尽职尽责	
CP_3	政府和高校及项目主体在科研经费治理中利益联系紧密	
CP_4	政府和高校及项目主体在科研经费治理中有清晰一致的目标	
CP_5	各参与主体希望在科研经费治理中加强合作	
CP_6	各参与主体提高引导主体—过程—资源协同的行为	
CP_7	所在高校对纵向科研经费管理政策执行情况监督程度	
CP_8	政府和高校及项目主体在科研经费治理中初见成效	

（六）协同治理效果指标设计

本书将高校纵向科研经费协同治理所取得的效果分为直接和间接效果，直接效果在于协同过程是否能够使纵向科研经费合法合规地使用，并提高使用效率及效益，对纵向科研项目的科研成果产出及转化持乐观态度，本书以 CGE_1、CGE_2 和 CGE_3 表示；间接效果则主要表现为三大主体在参与纵向科研经费治理后是否有获得感、过程是否满意以及继续参与高校经费协同治理其他活动的可能性，本书以 CGE_4、CGE_5、CGE_6 表示。协同治理效果指标设计见表 4-6。

协同治理效果指标设计 **表 4-6**

编号	表述	参考文献来源
CGE_1	在科研经费治理中是否合法合规使用	杨明欣、尤圆、李志良、卢黎、张栋梁、毛亮、宋京芳
CGE_2	高校科技管理部门对纵向科研经费使用效率的重视程度	
CGE_3	在科研经费治理中是否提高纵向科研项目成果产出和转化	
CGE_4	在科研经费治理中是否提高各参与主体的获得感	
CGE_5	在科研经费治理中是否提高各参与主体的满意感	
CGE_6	各参与主体是否会继续参与高校其他来源的科研经费协同治理	

本节参考相关文献，结合前人研究结果对本书设计的模型的各变量进行操作化的题项设计，为下节问卷调查奠定基础。

第四节　高校纵向科研经费协同治理模型假设验证

本节围绕上述理论模型中主体—过程—资源协同的运作方式设计更加具体和细化的指标，让被调研者根据实际工作经验以及对高校纵向科研经费治理的了解和认知，对这些细化指标的重要性进行评分。拟根据所有被调研者的评分，运用结构方程模型分析等方法进行计量研究，验证理论模型的科学性和合理性。

一、研究方法设计

（一）高校纵向科研经费协同治理模型验证调查问卷（第一轮）

本书对各个变量的指标含义设计了操作化问答题项，同时咨询三大主体中的重要专家，听取其建议后，确定了高校纵向科研经费协同治理模型验证的初始调研问卷（第一轮）。

本问卷的内容共分为两大部分：一是被调查对象的一般状况，包括性别、年龄、接受教育程度、目前职称、参加工作的年限以及所属主体内容；二是根据高校纵向科研经费协同治理模型内部单元操作化后的测量题目，包括协同环境指标设计题项、协同动因指标设计题项、协同主体指标设计题项、协同资源指标设计题项、协同过程指标设计题项、协同治理效果指标设计题项，共 36 个题项。对调查问卷的指标题项均采用李克特 5 级评分量表的形式，设立 1～5 不同等级的数值，即 1 级表示很好；2 级表示比较好；3 级表示一般；4 级表示比较不好；5 级表示很不好。以上 5 个等级设定可以很好地量化三大主体对每个变量的指标题项的主观感受，使该调查问卷的测量结果具有真实可靠性。

初始调查问卷（第一轮）采用纸质版进行，对科技部、财政部、教育部财政司、国自然和国社科及北京市科委、29 所高校的科研经费管理相关部门人员及纵向科研项目团队负责人、科研人员群体发放纸质问卷 115 份。调查时，征询被调查对象对于调查问卷题项的内容理解，针对咨询意见修正部分题项的文字描述，共回收纸质版调查问卷 109 份，有效问卷 106 份，有效率达 97.25%，符合本次线下调查要求。通过 SPSS 23.0 版、Excel 对问卷数据进行整理汇总，得到统计数据，对经过筛选后的有效数据进行极端值、缺失值的处理。采用探索性因子分析方法进行指标验证筛选，将重复或无意义的题项进行调整删除。

表 4-7 结果显示，调研对象中男性和女性分别占 48.10%和 51.90%；年龄以 30～50 岁较多，占 64.10%，侧面反映年龄分布符合高校科研经费治理的三大主体；在接受教育的程度上，博士及博士后占比最大（48.10%），硕士占 34.00%，说明所选调研对象学历教育水平较高，对问卷内容理解力强，能有效反映真实情况，提高了问卷的整体数据质量；职业分布方面，参与纵向科研项目的科研人员占 64.20%，各级政府和高校科技部门管理人员分别占 16.00%和 19.80%。以上情况表明该问卷样本的代表性强。

106份样本的基本情况分布 **表 4-7**

变量	分类	频率	百分比
性别	男	51	48.1
	女	55	51.9
年龄	30岁及以下	18	17
	30～40岁	42	39.6
	40～50岁	26	24.5
	50岁及以上	20	18.9
学历	本科	19	17.9
	硕士	36	34.0
	博士	30	28.3
	博士后	21	19.8
工作年限	10年及以下	36	33.9
	10～20年	27	25.5
	20年及以上	43	40.6
职业	各级政府科技管理相关部门及同级拨款单位工作人员	17	16
	高校科研经费管理相关部门工作人员	21	19.8
	参与各类纵向科研项目的科研人员	68	64.2
职称	助教及同级	24	22.6
	讲师及同级	23	21.7
	副教授及同级	32	30.2
	教授及同级	27	25.5
	总计	106	100

1. 所得样本分析

(1) 独立样本t检验

针对本次研究的内容，将6个变量的指标设计的所有题项进行总分计算，采用总分的高低分，各占27%进行分组，再分别给予赋值2、1，使用独立样本t检验做题项分析，根据t值即决断值（CR值）是否≥3，来判断题项的区分度，若$CR \geq 3$，代表题项的区分度较好，可以保留；若$CR < 3$，代表题项的区分度很差，不可以保留。从表4-8可以得知，Q_1的$CR = 2.312 < 3$、Q_{16}的$CR = 2.128 < 3$，说明Q_1和Q_{16}两题项区分度较低，需要进行删除。

(2) 指标的相关测试

指标的相关测试目的是明确高校纵向科研经费协同治理模型假设内容的各个题项与调查问卷总分之间的相关性，题项和题项总分相关如果太低或太高，都说明该题项存在问题，相关性太低，说明同质性低，相关性太高，说明测量非同一内容，正常指标的相关系数介于0.3～0.8，说明合格需要保留，高于0.8或者低于0.3需要删除。从表4-8数据可知，Q_1和Q_{16}、Q_{29}的相关系数均低于0.3，需要删除这些题项。

项目分析汇总　　**表 4-8**

题项	决断值(*CR*)	题总相关	删除题项后的 α 值	未达标数目	是否删除
Q_1	2.312**	0.259	0.947	3	删除
Q_2	4.577***	0.547	0.945	0	保留
Q_3	5.818***	0.587	0.944	0	保留
Q_4	6.219***	0.534	0.945	0	保留
Q_5	4.136***	0.404	0.946	0	保留
Q_6	5.180***	0.51	0.945	0	保留
Q_7	4.785***	0.463	0.945	0	保留
Q_8	5.734***	0.543	0.945	0	保留
Q_9	7.635***	0.657	0.944	0	保留
Q_{10}	5.538***	0.504	0.945	0	保留
Q_{11}	8.614***	0.619	0.944	0	保留
Q_{12}	5.487***	0.596	0.944	0	保留
Q_{13}	4.672***	0.437	0.945	0	保留
Q_{14}	6.196***	0.583	0.944	0	保留
Q_{15}	5.581***	0.593	0.944	0	保留
Q_{16}	2.128**	0.243	0.948	3	删除
Q_{17}	8.394***	0.576	0.944	0	保留
Q_{18}	8.189***	0.545	0.945	0	保留
Q_{19}	9.202***	0.553	0.945	0	保留
Q_{20}	7.953***	0.517	0.945	0	保留
Q_{21}	8.579***	0.52	0.945	0	保留
Q_{22}	7.811***	0.601	0.944	0	保留
Q_{23}	7.381***	0.642	0.944	0	保留
Q_{24}	9.799***	0.687	0.944	0	保留
Q_{25}	8.766***	0.706	0.943	0	保留
Q_{26}	7.240***	0.61	0.944	0	保留
Q_{27}	10.322***	0.721	0.943	0	保留
Q_{28}	7.548***	0.628	0.944	0	保留
Q_{29}	3.230***	0.279	0.947	2	删除
Q_{30}	9.063***	0.709	0.943	0	保留
Q_{31}	10.303***	0.726	0.943	0	保留
Q_{32}	10.856***	0.691	0.943	0	保留
Q_{33}	6.483***	0.613	0.944	0	保留
Q_{34}	11.160***	0.663	0.944	0	保留
Q_{35}	6.853***	0.641	0.944	0	保留
Q_{36}	6.455***	0.507	0.945	0	保留
判断标准	≥3	≥0.3 或≤0.8	<0.946		

注：** $P>0.5$，*** $P<0.01$

（3）删除题项后的 α 值

采用删除题项后 α 值检验的能力进行分析，得到本次研究的调查问卷的总体 *Cronbach's α* 系数为 0.946。如果剔除某一道题项后，总体 *Cronbach's α* 系数提高了，说明这个题项应该删除。从表 4-8 数据可知，Q_1 和 Q_{16}、Q_{29} 删除后，总体 *Cronbach's α* 系数提高，所以需要删除这些题项。

2. 探索性因子分析

（1）是否适合做因子分析

本次调查问卷统计的量表效度指标是通过探索性因子分析来判断的，其结果表明：当 $KMO>0.9$，且巴特利特球形度检验结果 $P<0.05$ 时，有显著性，表明特别适合；当 $0.8<KMO<0.9$ 时，表明很适合；当 $0.7<KMO<0.8$ 时，表明一般适合；当 $0.6<KMO<0.7$ 时，表明不太适合；当 $KMO<0.5$ 时，表明不适合。由表 4-9 数据可知，$KMO=0.874$（>0.7），且巴特利特球形度检验结果 $P<0.001$，有显著性，表明该调查问卷统计的量表适合做因子分析。

***KMO* 和巴特利特检验** 　　表 4-9

KMO 取样适切性量数		0.874
巴特利特球形度检验	近似卡方	2932.29
	自由度	528
	显著性	<0.001

（2）确定因子、删减题项

在总方差解释率结果中，当单个因子特征值高于 1，且单个特征值方差解释率超过 3%时，可以提取出一个独立的因子。由表 4-10 数据可知，可以提取 6 个因子，6 个因子的总方差解释度 72.664%，可以解释绝大部分的变异。在确定 6 个因子后，可以根据表 4-11 旋转后的成分矩阵（共同度），将因子载荷小于 0.4、共同度小于 0.4，归类为重复不当、语义重复的题项，需要进行删除。其中 Q_{11}、Q_{31} 属于重复题项，给予删除处理。最后，剩余 31 个题项。

总方差解释度 　　表 4-10

成分	初始特征值			旋转载荷平方和		
	总计	方差百分比	累积%	总计	方差百分比	累积%
1	12.963	39.281	39.281	5.569	16.877	16.877
2	3.621	10.974	50.255	4.832	14.642	31.518
3	2.391	7.245	57.500	4.295	13.017	44.535
4	1.993	6.040	63.540	3.552	10.762	55.298
5	1.567	4.750	68.290	2.953	8.948	64.246
6	1.444	4.374	72.664	2.778	8.418	72.664
7	0.886	2.684	75.348			

续表

成分	初始特征值			旋转载荷平方和		
	总计	方差百分比	累积%	总计	方差百分比	累积%
8	0.746	2.260	77.608			
9	0.707	2.144	79.752			
10	0.616	1.868	81.620			
11	0.551	1.668	85.071			
12	0.533	1.617	86.687			
13	0.488	1.478	88.165			
14	0.450	1.364	89.529			
15	0.400	1.212	90.741			
16	0.342	1.037	91.778			
17	0.322	0.975	92.753			
18	0.311	0.941	93.694			
19	0.271	0.821	94.516			
20	0.264	0.799	95.314			
21	0.242	0.735	96.049			
22	0.225	0.682	96.731			
23	0.187	0.566	97.297			
24	0.172	0.522	97.820			
25	0.150	0.454	98.274			
26	0.126	0.383	98.657			
27	0.101	0.307	98.963			
28	0.089	0.271	99.234			
29	0.085	0.256	99.491			
30	0.059	0.180	99.890			
31	0.036	0.110	100.00			

旋转后的成分矩阵（共同度）　　表 4-11

	成分						共同度
	1	2	3	4	5	6	
Q_2			0.729				0.712
Q_3			0.655				0.622
Q_4			0.785				0.683
Q_5			0.712				0.542
Q_6			0.819				0.760
Q_7			0.812				0.710
Q_8					0.852		0.846

续表

	成分						共同度
	1	2	3	4	5	6	
Q_9					0.813		0.893
Q_{10}					0.808		0.779
Q_{11}				0.506	0.581		0.687
Q_{12}						0.725	0.700
Q_{13}						0.767	0.641
Q_{14}						0.597	0.553
Q_{15}						0.768	0.769
Q_{17}		0.685					0.599
Q_{18}		0.906					0.879
Q_{19}		0.902					0.885
Q_{20}		0.902					0.888
Q_{21}		0.891					0.871
Q_{22}		0.625					0.589
Q_{23}	0.776						0.723
Q_{24}	0.702						0.676
Q_{25}	0.817						0.810
Q_{26}	0.794						0.725
Q_{27}	0.736						0.747
Q_{28}	0.731						0.663
Q_{30}	0.795						0.802
Q_{31}	0.607			0.509			0.747
Q_{32}				0.534			0.602
Q_{33}				0.611			0.628
Q_{34}				0.773			0.806
Q_{35}				0.711			0.737
Q_{36}				0.753			0.706

（3）因子命名

第一个主成分：主要是与协同过程有关系，可命名为协同过程，包括 Q_{23}、Q_{24}、Q_{25}、Q_{26}、Q_{27}、Q_{28}、Q_{30}，方差解释度为 16.877%。

第二个主成分：主要是与协同资源有关系，可命名为协同资源，包括 Q_{17}、Q_{18}、Q_{19}、Q_{20}、Q_{21}、Q_{22}，方差解释度为 14.642%。

第三个主成分：主要是与协同环境有关系，可命名为协同环境，包括 Q_2、Q_3、Q_4、Q_5、Q_6、Q_7，方差解释度为 13.017%。

第四个主成分：主要是与协同治理效果有关系，可命名为协同治理效果，包括 Q_{32}、Q_{33}、Q_{34}、Q_{35}、Q_{36}，方差解释度为 10.762%。

第五个主成分：主要是与协同动因有关系，可命名为协同动因，包括 Q_8、Q_9、Q_{10}，方差解释度为 8.948%。

第六个主成分：主要是与协同主体有关系，可命名为协同主体，包括 Q_{12}、Q_{13}、Q_{14}、Q_{15}，方差解释度为 8.418%。经过以上小样本纸质问卷的预调查，检验了调查问卷的信度及效度，删除了重复内容的题项，进一步修正了调查问卷。

（二）高校纵向科研经费协同治理模型验证调查问卷（第二轮）

在上述小样本纸质问卷预测试的基础上，删除了内容重复的 5 个题项，剩余 31 个题项，进行问卷修正，确定了高校纵向科研经费协同治理模型验证的第二轮调查问卷。使用问卷星在线上选取科技部、财政部、教育部财政司、国自然和国社科及北京市科委、29 所高校的科研经费管理相关部门人员群体及纵向科研项目团队负责人、科研人员发放电子调查问卷 316 份，共回收 316 份，其中 8 份存在填写有遗漏，以及填写选项前后矛盾或出现明显规律性作答的情况，被认为是无效的调查问卷而被删除，剩余的有效调查问卷 308 份，问卷调查有效率是 97.47%。总结被调查对象的一般状况及背景，见表 4-12。

308 份样本的基本情况分布　　表 4-12

变量	分类	频率	百分比
性别	男	163	52.9
	女	145	47.1
年龄	30 岁及以下	53	17.2
	30～40 岁	129	41.9
	40～50 岁	92	29.9
	50 岁及以上	34	11
学历	本科	49	15.9
	硕士	88	28.6
	博士	114	37
	博士后	57	18.5
工作年限	10 年及以下	131	42.5
	10～20 年	79	25.6
	20 年及以上	98	31.9
职业	各级政府科技管理相关部门及同级拨款单位工作人员	46	14.9
	高校科研经费管理相关部门工作人员	70	22.7
	参与各类纵向科研项目的科研人员	192	62.4
职称	助教及同级	57	18.5
	讲师及同级	85	27.6
	副教授及同级	98	31.8
	教授及同级	68	22.1
	总计	308	100

从表4-12数据可知，被调研对象性别情况为男性占52.90%，女性占47.10%；在年龄分布上，以30～40岁较多，占41.90%，其次是40～50岁（占29.90%），50岁以上和30岁以下分别为11%和17.20%，总体年龄分布符合高校科研经费管理的三大主体现实情况；在接受教育的程度上，博士、博士后占比最大，分别为37%和18.50%，硕士占28.60%，本科占比较少，仅有15.90%，答卷者总体接受教育水平较高，同样符合三大治理主体的现实情况；此类答卷者更愿意配合相关的学术调研，对问卷的理解力强，能够更有效地反映真实情况和表达真实感受，从而提高问卷的整体数据质量；参加工作年限分布以中青年为主，共占68.10%，50岁以上的多是纵向科研项目团队负责人；享有高级职称者占53.9%，也主要在纵向科研项目团队；从所属主体的调研对象身份可以看出纵向科研项目团队人员占比最多，为62.40%，各级政府科技部门管理人员占14.90%，高校科研经费管理部门人员占22.70%。以上情况表明，问卷总体上样本分布非常合理。

1. 描述性统计分析

本书设计的高校纵向科研经费协同治理研究假设模型中共有6个变量，包括31个题项。所有题项均使用李克特5级评分量表，设立1～5不同等级数值，最大值为5，最小值为1。所有题项均为分值高，对应评价就高。

从表4-13数据可知，其均值最低2.99，最高3.64，其标准差最小为0.984，最大为1.302，均与最高分（5分）相差较大，表明数据离散程度较低。所有题项数据的偏度与峰度绝对值均<2和7，表明此表中所有题项的数据统计结果能够满足单变量的正态分布，适合做进一步信效度检验和验证性因子分析。

各变量测量项的描述性统计结果 **表4-13**

变量	最小值	最大值	均值	标准偏差	偏度	峰度
CE_1	1	5	3.34	1.185	−0.300	−0.822
CE_2	1	5	3.47	1.154	−0.612	−0.433
CE_3	1	5	3.37	1.180	−0.476	−0.652
CE_4	1	5	3.36	1.188	−0.445	−0.741
CE_5	1	5	3.40	1.144	−0.494	−0.550
CE_6	1	5	3.41	1.119	−0.333	−0.578
CA_1	1	5	3.47	1.072	−0.531	−0.282
CA_2	1	5	3.44	1.070	−0.472	−0.401
CA_3	1	5	3.49	1.114	−0.345	−0.637
CS_1	1	5	**3.64**	1.123	−0.505	−0.476
CS_2	1	5	3.46	1.154	−0.353	−0.862
CS_3	1	5	3.51	1.207	−0.555	−0.592
CS_4	1	5	3.56	1.153	−0.431	−0.732
CR_1	1	5	3.15	1.132	−0.242	−0.641
CR_2	1	5	3.21	1.138	−0.375	−0.533

续表

变量	最小值	最大值	均值	标准偏差	偏度	峰度
CR_3	1	5	3.20	1.098	−0.175	−0.590
CR_4	1	5	3.18	1.218	−0.215	−0.917
CR_5	1	5	3.08	1.197	−0.221	−0.825
CR_6	1	5	**2.99**	1.112	−0.011	−0.618
CP_1	1	5	3.23	**0.984**	−0.359	−0.218
CP_2	1	5	3.29	1.051	−0.515	−0.202
CP_3	1	5	3.33	1.055	−0.369	−0.200
CP_4	1	5	3.32	1.140	−0.496	−0.459
CP_5	1	5	3.34	1.082	−0.416	−0.265
CP_6	1	5	3.28	1.006	−0.416	−0.125
CP_7	1	5	3.30	1.016	−0.483	−0.125
CGE_1	1	5	3.19	1.270	−0.156	−1.121
CGE_2	1	5	3.23	**1.302**	−0.277	−1.054
CGE_3	1	5	3.04	1.277	−0.032	−1.131
CGE_4	1	5	3.17	1.290	−0.147	−1.105
CGE_5	1	5	3.22	1.265	−0.176	−1.102

2. 信度检验

信度指衡量调查问卷统计的题项指标建立的量表可信程度，本书采用 *Cronbach's* α 对信度进行测量，用 α 系数表示一致性信度，检验公式是：

$$\alpha = \frac{k}{k-1}\left(1 - \frac{\sum_{i=1}^{k} s_i^2}{S^2}\right) \tag{4-2}$$

在式（4-2）中，k 代表调研问卷中的题项数，s_i^2 代表第 i 题的调查问卷结果的方差，S^2 代表全部调查问卷结果的方差，α 值越高，说明调查问卷各个题项的数据结果越趋于一致，提示调查问卷的题项建立的量表内的信度就越好。当 *Cronbach's* α 系数<0.6 时，被认为是低信度，需要考虑重新编制调查问卷或筛选调查问卷中有争议的变量的指标；当 *Cronbach's* α 系数>0.9 时，被认为是高信度，说明调查问卷中各个题项的数据结果是非常稳定的；当 *Cronbach's* α 系数在 0.7～0.8 时，被认为是可接受的信度，提示调查问卷中各个题项的数据结果是比较稳定的。

采用上述方法计算高校纵向科研经费协同治理模型调查问卷中各变量的信度，共有 6 个变量，其信度结果见表 4-14。

各变量的信度检验　　表 4-14

变量	题目数	信度
协同环境	6	0.872
协同动因	3	0.831

续表

变量	题目数	信度
协同主体	4	0.826
协同资源	6	0.896
协同过程	7	0.927
协同治理效果	5	0.847

由表 4-14 数据可知，本次第二轮调查问卷的 6 个变量的信度值是 0.826～0.927，说明数据结果的稳定性很好，提示调查问卷的 6 个变量都有非常好的内部一致性，所有变量的题项数据均符合本次研究的要求。

3. 效度分析

本次调查问卷中各变量的题项数据建立的量表效度是采用因子分析法判定。具体判定方式见第三节第二部分模型指标设计内容。

KMO 和巴特利特检验 **表 4-15**

KMO 取样适切性量数		0.941
巴特利特球形度检验	近似卡方	5487.985
	自由度	465
	显著性	<0.001

从表 4-15 数据可知，本次因子分析结果表明，$KMO=0.941$（>0.6），而且，巴特利特球形度检验的结果 $P<0.001$，具有显著性，提示本书编制的“高校纵向科研经费协同治理模型验证调查问卷（第二轮）”题项数据判定该题项内容有效性好，适合做因子分析。

按照本调查问卷设计的研究变量情况，在总方差解释率的结果里，提取特征值>1 的 6 个主成分，并且采用凯撒正态化最大方差法对成分矩阵进行旋转，结果如表 4-16 所示。

总方差解释度 **表 4-16**

成分	初始特征值			旋转载荷平方和		
	总计	方差百分比	累积 %	总计	方差百分比	累积%
1	11.586	37.375	37.375	4.911	15.843	15.843
2	2.573	8.301	45.675	4.047	13.055	28.898
3	2.118	6.834	52.509	3.915	12.628	41.526
4	1.884	6.079	58.587	2.836	9.150	50.676
5	1.509	4.867	63.454	2.776	8.955	59.631
6	1.143	3.687	67.141	2.328	7.510	67.141
7	0.650	2.097	69.239			
8	0.636	2.050	71.289			
9	0.596	1.923	73.212			
10	0.583	1.881	75.092			

续表

成分	初始特征值			旋转载荷平方和		
	总计	方差百分比	累积 %	总计	方差百分比	累积%
11	0.577	1.862	76.954			
12	0.544	1.754	78.707			
13	0.503	1.621	80.328			
14	0.486	1.568	81.896			
15	0.453	1.463	83.359			
16	0.446	1.437	84.796			
17	0.440	1.420	86.216			
18	0.411	1.325	87.541			
19	0.392	1.264	88.805			
20	0.379	1.221	90.026			
21	0.351	1.133	91.159			
22	0.341	1.099	92.258			
23	0.321	1.037	93.295			
24	0.313	1.010	94.306			
25	0.301	0.970	95.275			
26	0.291	0.938	96.213			
27	0.275	0.887	97.100			
28	0.264	0.851	97.951			
29	0.234	0.754	98.705			
30	0.210	0.678	99.383			
31	0.191	0.617	100.000			

从表 4-16 数据可知，前 6 个主成分的特征值分布较均衡，分别为 4.911、4.047、3.915、2.836、2.776、2.328，6 个主成分的累计方差占比为 67.141%，说明 6 个主成分能够很好地概括这 31 个题项所包含的信息，能够解释大部分的变异量。

为确保第二轮调查问卷的各变量题项的数据分析结果准确，本书选用 Harman 单因素检验法进行共同能力偏差检验，即主成分分析法，抽取特征值>1 的主成分，共 6 个公因子，未经旋转的第一个公因子解释方差为 37.375%，未能大于 40%，不存在一个公因子解释了大部分变量，说明本调查问卷的题项数据分析量表通过了共同能力偏差检验。检验结果见表 4-16。

旋转后的成分矩阵　　**表 4-17**

变量	成分						提取
	1	2	3	4	5	6	
CE_1			0.743				0.641

续表

变量	成分						提取
	1	2	3	4	5	6	
CE_2			0.696				0.634
CE_3			0.711				0.617
CE_4			0.698				0.543
CE_5			0.796				0.706
CE_6			0.739				0.600
CA_1						0.777	0.765
CA_2						0.778	0.744
CA_3						0.783	0.720
CS_1					0.737		0.681
CS_2					0.768		0.652
CS_3					0.709		0.626
CS_4					0.788		0.703
CR_1		0.741					0.685
CR_2		0.791					0.674
CR_3		0.802					0.699
CR_4		0.762					0.696
CR_5		0.711					0.593
CR_6		0.739					0.679
CP_1	0.767						0.717
CP_2	0.770						0.723
CP_3	0.754						0.741
CP_4	0.728						0.643
CP_5	0.746						0.703
CP_6	0.779						0.725
CP_7	0.779						0.741
CGE_1				0.591			0.639
CGE_2				0.663			0.626
CGE_3				0.662			0.628
CGE_4				0.642			0.590
CGE_5				0.685			0.679

采用最大方差法进行因子旋转，旋转后的因子载荷结果见表4-17，为了便于观察，表中禁止显示载荷值低于0.5的数值。6个主成分分别对应着CE、CA、CS、CR、CP、CGE这6个变量，每个主成分对应题项的因子载荷均在0.5以上，而且共同度均大于0.4，表明各个题项的内容都可以很好地反映其所属变量包含的信息。

4. 验证性因子分析

验证性因子分析（CFA），即测量模型，它是对调查问卷的数据进行的统计分析，利用这种方法可以检验某一个因子（即潜变量）与对应量表的题项之间的关系是否符合本书研究预先设定的理论关系，并保持一致，从而有效地解决理论变量的测量问题。这是 20 世纪 60 年代末由瑞典学者 K. G. Joreskog 率先提出的，其基本思想是在等效原理算法的基础上，确定存在几个因子，及各个实测变量与因子之间的关系，并形成假设进行推理，逐步构建一组变量之间关系，用实际数据拟合特定的因子模型，检验评价此模型是不是成立，实测与设计目标是不是相符，去估计各个潜变量的因子载荷值。其数学公式为：$\chi = \Lambda \chi \xi + \delta$，其中 χ 代表 $\mathcal{P}\times 1$ 阶可观测变量向量，$\Lambda\chi$ 代表 $\mathcal{P}\times n$ 阶代估计的因子载荷矩阵，ξ 代表 $n\times 1$ 阶的潜变量的因子组成的向量，δ 是 $\mathcal{P}\times 1$ 个测量误差组成的向量。

本书主要使用 CFA 计算各潜变量的聚合效度和区分效度，如果测量指标变量的标准化载荷 >0.5，因子与量表的题项对应关系符合预测，才能认为本次调查问卷数据统计的量表具有较好的结构效度；判断本次调查问卷数据统计的量表质量的标准之一是组合信度(Composite Reliability，*CR* 值)，它是通过因子载荷量计算的内部一致性信度质量的指标值，反映了每个潜变量中所有测量指标变量是否一致性地解释该潜变量。如果 $CR>0.7$，说明每个潜变量中所有量表的题项变量可以一致性地解释该潜变量。组合信度越高，量表的题项之间有高度的内在关联，相反关联程度比较低。如果 $CR<0.5$，表示有一半以上的观察变异来自随机误差。公式如下：

$$CR = \frac{(\sum\lambda)^2}{[(\sum\lambda)^2 + \sum(\theta)]} \qquad \theta = 1-\lambda^2 \tag{4-3}$$

在式（4-3）中，λ 表示各量表的题项变量的标准化因子载荷量，θ 表示量表的题项测量误差。

潜变量的平均方差抽取量（Average Variance Extracted，*AVE* 值）是通过因子载荷量计算的表示聚合效度的指标值，它是为了测量各潜变量的聚合效度和区分效度，主要是解释潜变量的变异量多少是来自测量误差，一般认为 *AVE* 值越大，相对测量误差就越小。根据前人的研究可知，理想上标准值必须大于 >0.5，可接受门槛是 0.36～0.5；如果此次测定的 $AVE>0.5$，且潜变量的平均方差抽取量的算术平方根大于该潜变量与其他潜变量的相关系数，则说明从总体来看，因子与量表的题项之间有着良好的对应关系，提示本次调查问卷数据统计的量表有很好的聚合效度。公式如下：

$$AVE = \frac{\sum\lambda^2}{[\sum\lambda^2 + \sum(\theta)]}\theta = 1-\lambda^2 \tag{4-4}$$

在式（4-4）中，λ 表示各量表的题项变量的标准化因子载荷，θ 表示量表的题项测量误差。

使用 AMOS26.0 软件对本次调查问卷数据统计的量表进行 CFA，根据探索性因子

(EFA) 分析结果建立验证性因子模型(图 4-7),即潜变量因果关系模型(SEM),它通过判断结构方程运行拟合指标来判断本次调查问卷数据统计的量表所构建的验证性因子模型是不是合适。若符合标准,则说明本书所构建的高校纵向科研经费协同治理模型可以有效测量相关潜变量(表 4-18)。

模型整体适配度的主要评价指标及评价标准 **表 4-18**

指标	取值范围	理想值
X^2/df	大于 0	小于 5,小于 3 更佳
RMSEA	大于 0	小于 0.1,拟合较好;小于 0.08,拟合很好;小于 0.05,拟合非常好;低于 0.01,拟合非常出色
GFI	0~1	大于 0.8 可以接受;大于 0.9 最佳
CFI	0~1	大于 0.8 可以接受;大于 0.9 最佳
TLI	0~1	大于 0.8 可以接受;大于 0.9 最佳
NFI	0~1	大于 0.8 可以接受;大于 0.9 最佳
AGFI	0~1	大于 0.8 可以接受;大于 0.9 最佳

依据结构方程模型拟合度及其检验指标可知:一是卡方自由度比(X^2/df)应在 1~3,X^2/df 越小表示模型的拟合度越好,$X^2/df<3$,表示模型整体拟合度较好;二是渐进残差均方和平方根(Residual Mean Square Error of Approximation,*RMSEA*)是较好的绝对拟合指标,受样本数量影响较小,其值越小则模型拟合度越好,*RMSEA* 值应介于 0.05~0.08,表示拟合度好,若 $RMSEA<0.05$,说明适配非常好;三是拟合指数:这几个拟合指数的数据值都局限在 0~1,理想值>0.8,即认为量表的数据与理论模型的拟合度可以接受:①拟合优度指数(Goodness of Fit Index,*GFI*),即适配度指数,一般认为 *GFI* 值应大于 0.9,若大于 0.8 尚可接受;②修正的拟合优度指数(Adjusted Goodness of Fit Index,*AGFI*),即修正适配度指数,一般认为 *AGFI* 值应大于 0.9,若大于 0.8 尚可接受;③比较拟合指数(Comparative Fit Index,*CFI*),即比较适配指数,一般认为 *CFI* 值应大于 0.9,若大于 0.8 尚可接受;④规范拟合指数(Normed Fit Index,*NFI*),即规准适配指数,一般认为 *NFI* 值应大于 0.9,若大于 0.8 尚可接受;⑤非规范拟合指数(Non-normed Fit Index,或 Tucker-Lewis Index,*TLI*),即非规准适配指数,一般认为 *TLI* 值应大于 0.9,若大于 0.8 尚可接受。一般认为样本数应大于 200(表 4-18)。

模型拟合指标如表 4-19 所示,拟合指标情况为:$X^2/df=1.211$,小于 5;$GFI=0.906$,$AGFI=0.888$,$NFI=0.911$,$TLI=0.981$,$CFI=0.983$,均大于 0.8;$RMSEA=0.026$,小于 0.08,对照表 4-18 的评价标准,验证性因子分析模型的拟合指标均达到要求,适合进行模型分析。

整体量表的模型拟合指标 **表 4-19**

指标	X^2/df	*GFI*	*AGFI*	*NFI*	*TLI*	*CFI*	*RMSEA*
统计值	1.211	0.906	0.888	0.911	0.981	0.983	0.026

续表

指标	X^2/df	*GFI*	*AGFI*	*NFI*	*TLI*	*CFI*	*RMSEA*
参考值	＜5	＞0.8	＞0.8	＞0.8	＞0.8	＞0.8	＜0.08
达标情况	达标	达标	达标	达标	达标	达标	达标

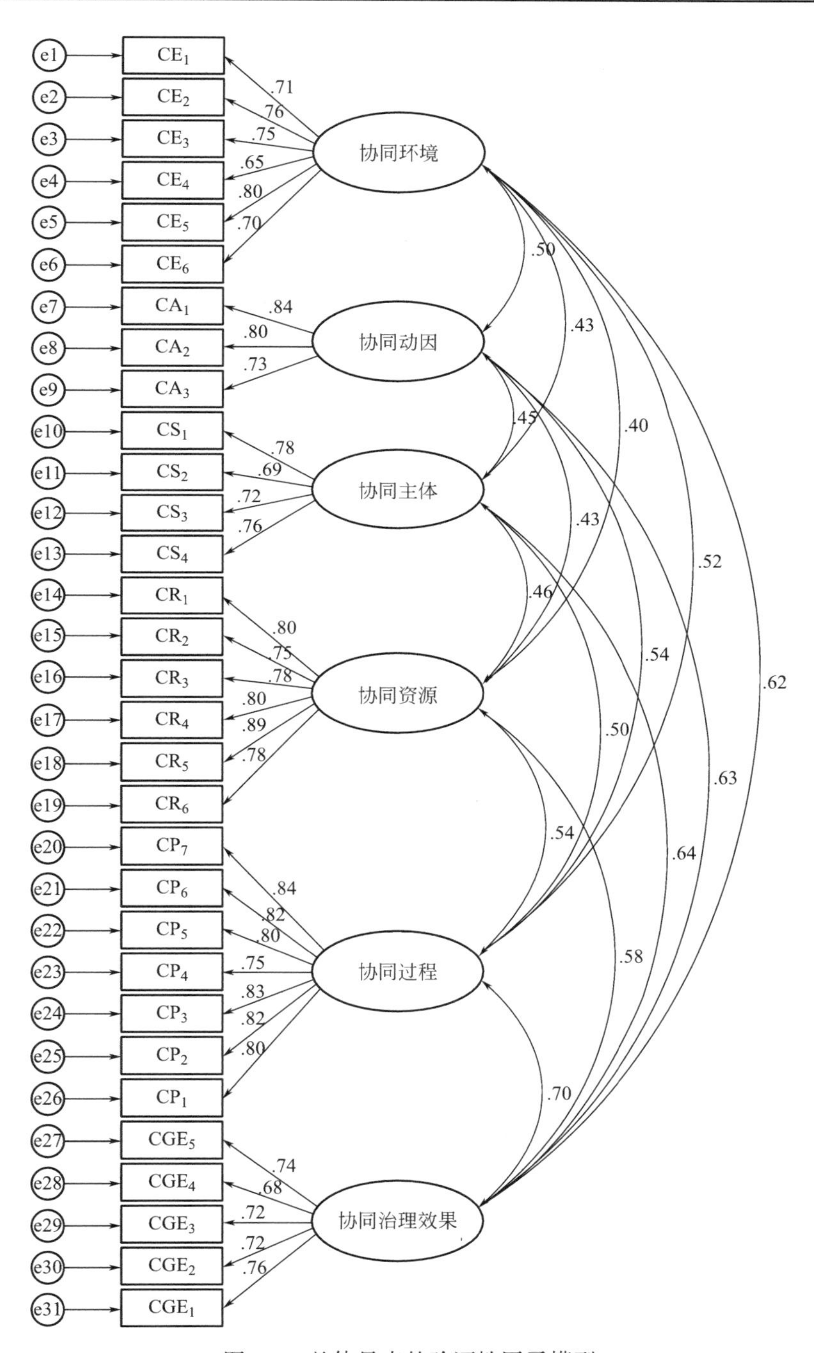

图 4-7　整体量表的验证性因子模型

5. 聚合效度和区分效度检验

（1）聚合效度检验

聚合效度（Convergent Validity）是指运用不同测量能力来测定同一特征时测量结果的相似程度，所获得的分类是高度相关的，也就是说不同测量方式应在相同特征的测定中聚合在一起。本书依据荣泰生的建议[133]，通过建构组合信度（*CR*）和平均方差抽取值（*AVE*）来检验聚合效度。一般 *CR*>0.7、*AVE*>0.5，即为达到标准的参考值。

各变量观测的因子载荷值（Factor loading）、组合信度（*CR*）和平均方差抽取值（*AVE*）见表 4-20 所示。各个题项的因子载荷值均大于 0.5，说明聚合效度较高，各维度的 *CR* 均大于 0.7 达到标准，*AVE* 均大于 0.5 达到标准，说明本次调查问卷数据统计的量表有良好的聚合效度。

整体量表的聚合效度分析结果 **表 4-20**

潜变量	题项	*b*	*S.E.*	*C.R.*	*P*	*β*	*CR*	*AVE*
协同主体	CS_1	1.000				0.780	0.828	0.547
	CS_2	0.908	0.079	11.557	***	0.689		
	CS_3	0.998	0.082	12.163	***	0.724		
	CS_4	1.004	0.079	12.774	***	0.762		
协同动因	CA_1	1.000				0.837	0.832	0.624
	CA_2	0.953	0.068	14.109	***	0.799		
	CA_3	0.906	0.070	12.968	***	0.729		
协同资源	CR_1	1.000				0.795	0.894	0.585
	CR_2	0.946	0.068	13.934	***	0.748		
	CR_3	0.947	0.065	14.578	***	0.776		
	CR_4	1.083	0.071	15.149	***	0.801		
	CR_5	0.913	0.073	12.544	***	0.686		
	CR_6	0.962	0.066	14.626	***	0.778		
协同环境	CE_1	1.000				0.715	0.872	0.532
	CE_2	1.034	0.084	12.376	***	0.759		
	CE_3	1.042	0.085	12.197	***	0.748		
	CE_4	0.910	0.086	10.637	***	0.649		
	CE_5	1.081	0.083	12.993	***	0.800		
	CE_6	0.920	0.081	11.388	***	0.696		
协同过程	CP_1	1.000				0.803	0.930	0.655
	CP_2	1.091	0.066	16.467	***	0.820		
	CP_3	1.103	0.066	16.636	***	0.826		
	CP_4	1.084	0.074	14.623	***	0.751		
	CP_5	1.099	0.069	15.985	***	0.803		
	CP_6	1.046	0.063	16.517	***	0.822		
	CP_7	1.076	0.064	16.943	***	0.837		

续表

潜变量	题项	b	$S.E.$	$C.R.$	P	β	CR	AVE
协同治理效果	CGE_1	1.000				0.756	0.847	0.527
	CGE_2	0.950	0.079	12.438	* * *	0.723		
	CGE_3	0.963	0.077	12.469	* * *	0.724		
	CGE_4	0.918	0.078	11.719	* * *	0.683		
	CGE_5	0.975	0.076	12.752	* * *	0.740		

注：* * * $P<0.001$

（2）区分效度检验

区分效度（Discriminate Validity）是指比较测量不同特质的两个测验之间的相关程度，如果在统计上可以证明那些理应与预设的结构不存在相关性的指标确实同此结构没有相关性，这项检验具有区分效度。相关系数越大，聚合效度越大，区分效度越小。本次调查问卷数据统计的量表区分效度检验见表4-21，各维度 AVE 的平方根大于各维度之间的相关系数，故提示本次调查问卷数据统计的量表有很好的区分效度。

区分效度分析　　　　**表 4-21**

变量	1 协同过程	2 协同资源	3 协同环境	4 协同治理效果	5 协同主体	6 协同动因
1 协同过程	0.809					
2 协同资源	0.538	0.765				
3 协同环境	0.524	0.396	0.730			
4 协同治理效果	0.703	0.582	0.619	0.726		
5 协同主体	0.496	0.462	0.429	0.643	0.740	
6 协同动因	0.538	0.425	0.496	0.631	0.445	0.790

6. 相关分析

本书采用信度及效度检验分析确定本次调查问卷数据统计的量表及各维度结构的一致性可靠及有效，所以，在验证本书关于高校纵向科研经费协同治理模型的理论假设之前，需要探究各变量之间是否具有相关关系，故采用皮尔逊积差相关分析法分析 CE、CA、CS、CR、CP、CGE 各变量之间的相关性及其相关系数。

表4-22结果显示，CE、CA、CS、CR、CP 这5个变量与协同治理效果存在显著的正相关关系，且各变量两两之间存在显著的正相关关系，初步判定自变量 CE、CA、CS、CR 和中间变量 CP 这5个变量均对因变量 CGE 有正向影响。

相关系数矩阵　　　　**表 4-22**

变量	1 协同环境	2 协同动因	3 协同主体	4 协同资源	5 协同过程	6 协同治理效果
1 协同环境	1					
2 协同动因	0.413 * *	1				

续表

变量	1 协同环境	2 协同动因	3 协同主体	4 协同资源	5 协同过程	6 协同治理效果
3 协同主体	0.357＊＊	0.369＊＊	1			
4 协同资源	0.335＊＊	0.366＊＊	0.398＊＊	1		
5 协同过程	0.476＊＊	0.478＊＊	0.434＊＊	0.492＊＊	1	
6 协同治理效果	0.528＊＊	0.531＊＊	0.537＊＊	0.503＊＊	0.628＊＊	1

注：＊＊$P<0.01$

7. 结构方程模型拟合检验

结构方程模型图运行结果见图 4-8。

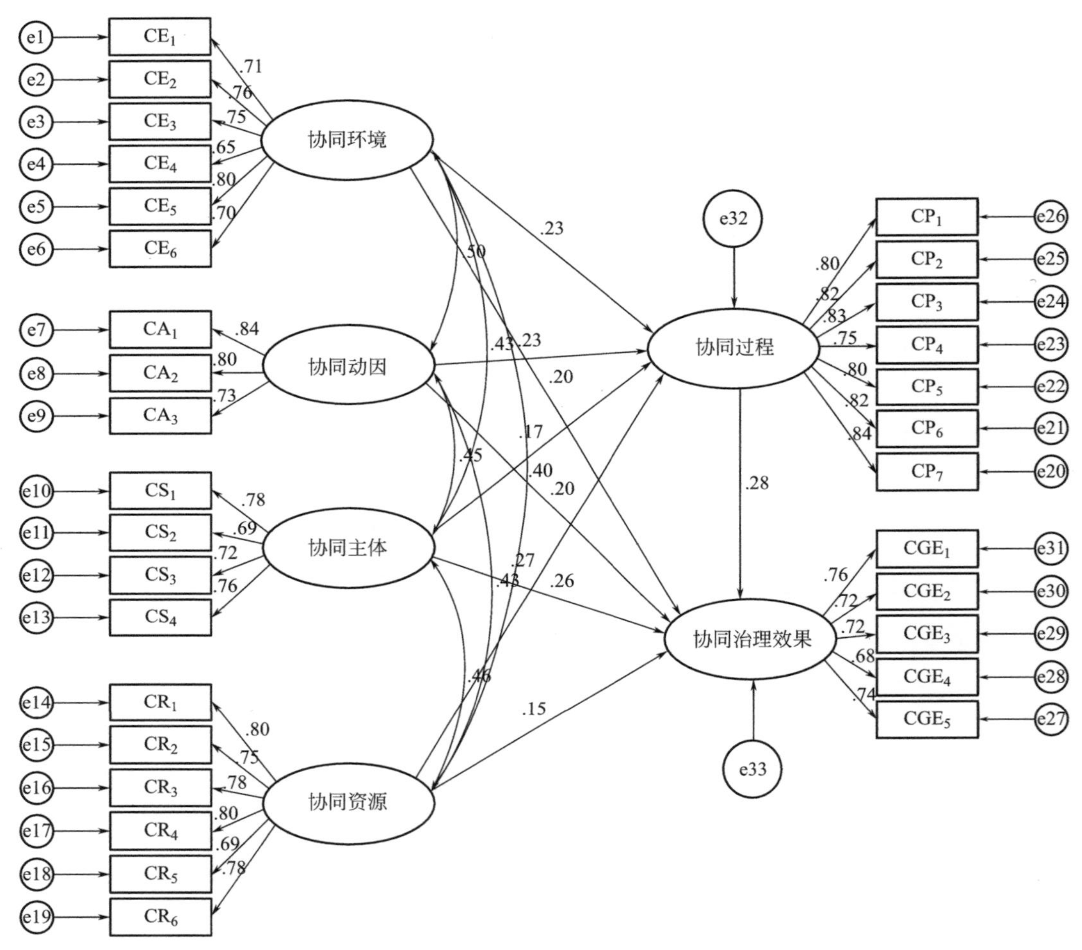

图 4-8　结构方程模型图运行结果（标准化）

8. 结构方程模型路径分析

采用 AMOS26.0 软件进行结构方程模型路径分析[134]，验证并探索理论变量之间的关系结构，从而得出路径系数值和 *CR* 值（*Z* 值）。路径系数反映了变量之间的影响关系及程度，临界比例 *CR*（Critical Ratio）可判断回归系数显著与否，一般认为 *CR*≥1.96、*P*

<0.05，提示显著性差异。该结构方程模型的标准化回归系数与方差参数从表 4-23 可知。

各变量之间的路径系数　　表 4-23

回归路径			β	b	SE	CR	P	SMC
(1)协同过程 CP	<———	协同环境 CE	0.228	0.23	0.064	3.605	***	0.475
(2)协同过程 CP	<———	协同动因 CA	0.234	0.222	0.062	3.561	***	
(3)协同过程 CP	<———	协同主体 CS	0.168	0.164	0.062	2.621	0.009	
(4)协同过程 CP	<———	协同资源 CR	0.270	0.255	0.058	4.432	***	
(5)协同治理效果 CGE	<———	协同过程 CP	0.282	0.310	0.071	4.344	***	0.702
(6)协同治理效果 CGE	<———	协同环境 CE	0.203	0.225	0.066	3.393	***	
(7)协同治理效果 CGE	<———	协同动因 CA	0.202	0.211	0.064	3.428	0.001	
(8)协同治理效果 CGE	<———	协同主体 CS	0.258	0.276	0.065	4.230	***	
(9)协同治理效果 CGE	<———	协同资源 CR	0.145	0.151	0.059	2.536	0.010	

注：β 标准化系数（路径系数），b 非标准化系数，SE 标准误差，*** $P<0.001$

（1）CE 和 CP 之间关系的假设验证

CE 和 CP 的路径系数为 0.228，CR 值为 3.605，对应的显著性 $P<0.001$，因此，CE 和 CP 具有显著的正向影响，故假设成立。

（2）CA 和 CP 之间关系的假设验证

CA 和 CP 的路径系数为 0.234，CR 值为 3.561，对应的显著性 $P<0.001$，因此，CA 和 CP 具有显著的正向影响，故假设成立。

（3）CS 和 CP 之间关系的假设验证

CS 和 CP 的路径系数为 0.168，CR 值为 2.621，对应的显著性 $P<0.01$，因此，CS 和 CP 具有显著的正向影响，故假设成立。

（4）CR 和 CP 之间关系的假设验证

CR 和 CP 的路径系数为 0.270，CR 值为 4.432，对应的显著性 $P<0.001$，因此，CR 和 CP 具有显著的正向影响，故假设成立。

（5）CP 和 CGE 之间关系的假设验证

CP 和 CGE 的路径系数为 0.282，CR 值为 4.344，对应的显著性 $P<0.001$，因此，CP 和 CGE 具有显著的正向影响，故假设成立。

（6）CE 和 CGE 之间关系的假设验证

CE 和 CGE 的路径系数为 0.203，CR 值为 3.393，对应的显著性 $P<0.001$，因此，CE 和 CGE 具有显著的正向影响，故假设成立。

（7）CA 和 CGE 之间关系的假设验证

CA 和 CGE 的路径系数为 0.202，CR 值为 3.428，对应的显著性 $P<0.01$，因此，CA 和 CGE 具有显著的正向影响，故假设成立。

（8）CS 和 CGE 之间关系的假设验证

CS 和 CGE 的路径系数为 0.258，CR 值为 4.230，对应的显著性 $P<0.001$，因此，

CS 和 CGE 具有显著的正向影响，故假设成立。

（9）CR 和 CGE 之间关系的假设验证

CR 和 CGE 的路径系数为 0.145，*CR* 值为 2.536，对应的显著性 $P<0.05$，因此，CR 和 CGE 具有显著的正向影响，故假设成立。

9. 中介效应检验

验证高校纵向科研经费协同治理假设关系模型中，中间变量 CP 在自变量 CE、CA、CS、CR 与因变量 CGE 之间是不是存在着某种中介效应，故分别对其进行中介效应检验。

假定自变量 CE、CA、CS、CR 对因变量 CGE 的总效应为 c，自变量 CE、CA、CS、CR 对中介变量 CP 的效应为 a，中介变量 CP 对因变量 CGE 的效应为 b，自变量 CE、CA、CS、CR 对因变量 CGE 的直接效应为 c'，中介效应的检验流程具体步骤如下：

第一步：检验系数 c 显著，才能进行下一步，若不显著，表明存在遮掩效应，检验停止。

第二步：依次检验系数 a 和 b，如果均有显著性，可以进入下一步。如果至少有一个无显著性，应该借助 Bootstrap 法来检验 a、b，a、b 不显著，即中介效应不显著，a、b 显著的话，即可进入下一步。

第三步：通过检验系数 c'来区别是完全中介还是部分中介，如果系数 c'无显著性，表明是完全中介。若系数 c'有显著性，还要看 a、b 和 c'符号是否相同，若是同号即可判定为部分中介效应，报告中介效应占总效应的比例 a、b/c；若是异号则说明存在遮掩效应，报告间接与直接效应的比例的绝对值 $|a$、$b/c'|$。

近年来，偏差校正的非参数百分位 Bootstrap 法在中介效应检验中应用最广泛，它直接检验系数乘积的显著性，敏感性更高。Bootstrap 法是一种从给定样本中重复取样以产生许多样本，前提条件是样本能够代表总体。用 Bootstrap 法可以直接检验中介效应的存在性[135]。直接检验的假设条件为 H0：ab=0。如果检验结果得出的置信区间（Boot ULCI）包括数字 0，表示不显著，提示不存在中介效应；若不包括数字 0，则说明中介效应显著。

根据路径分析的结果，假设检验是成立的，为了探究这些显著的路径里是否具有中介效应，在 AMOS26.0 软件上运行 Bootstrap 法，选择自抽样，重复 5000 次，置信区间标准为 95%，采用偏差校正法进行检验。

中介效应检验 **表 4-24**

回归路径	效应量	SE	95%下限	95%上限	*P*
CE→CP→CGE	0.0 71	0.030	0.030	0.133	—
CA→CP→CGE	0.069	0.028	0.026	0.134	0.001
CS→CP→CGE	0.051	0.024	0.012	0.110	0.008
CR→CP→CGE	0.079	0.028	0.036	0.146	—

表 4-24 是以 Bootstrap 法进行中介效应检验，重复 5000 次样本，计算 95%的可信区间，得出标准化估计值 a、b 及其标准误。从表 4-24 结果可知，共 4 条中介路径，中介路径上下区间不包含 0，$P<0.05$，有显著性，假设成立，中介效应成立。中介路径上下区间包含 0，$P>0.05$，无显著性，假设不成立，中介效应不存在。

CE→CP→CGE 中介路径上下区间不包含 0，P 值小于显著水平 0.001，假设成立，中介效应成立。

CA→CP→CGE 中介路径上下区间不包含 0，P 值小于显著水平 0.01，假设成立，中介效应成立。

CS→CP→CGE 中介路径上下区间不包含 0，P 值小于显著水平 0.01，假设成立，中介效应成立。

CR→CP→CGE 中介路径上下区间不包含 0，P 值小于显著水平 0.001，假设成立，中介效应成立。

10. 三大主体在协同治理变量中的差异性分析

为检验高校纵向科研经费管理中三大主体在协同治理各变量中是否具有差异，采用单因素方差分析来检验不同主体在 CE、CA、CS、CR 及 CP 这些变量中的差异性。

不同主体的差异性　　**表 4-25**

变量	主体(均值±标准差)				
	各级政府科技管理部门人员	高校科研经费管理部门人员	纵向科研项目团队科研人员	F	P
CE	3.16±0.963	3.51±0.869	3.41±0.898	2.120	0.122
CA	3.09±0.982	3.73±0.850	3.47±0.929	6.758	0.001 * *
CS	3.20±1.022	3.53±0.927	3.63±0.911	3.903	0.021 *
CR	2.94±0.929	3.29±0.900	3.13±0.933	1.992	0.138
CP	3.06±0.924	3.45±0.819	3.31±0.878	2.790	0.063

注：* $P<0.05$，* * $P<0.01$

表 4-25 结果显示，各级政府科技管理部门人员和纵向科研项目团队科研人员、高校科研经费管理相关部门人员之间在 CE 的单因素方差 F=2.120，$P>0.05$，无显著性；在 CR 的单因素方差 F=1.992，$P>0.05$，无显著性；在 CP 的单因素方差 F=2.790，$P>0.05$，无显著性，它们之间不存在差异性。三大主体在 CA 的单因素方差 F=6.758，$P<0.01$，具有显著性；在 CS 的单因素方差 F=3.903，$P<0.05$，具有显著性，它们之间存在着显著的差异性。

为了进一步了解 CA 和 CS 在不同主体间的差异性，需要进一步做多重对比。由表 4-26 的多重对比（LSD）结果可知：在 CA 上，各级政府科技管理部门人员和纵向科研项目团队科研人员、高校科研经费管理相关部门人员之间均存在显著的差异性（$P<0.001$）；在 CS 上，各级政府科技管理部门人员与高校科研经费管理部门人员、纵向科研项目团队科研人员之间不存在显著的差异性。

多重对比（LSD）　　表 4-26

变量	(I) 职业	(J) 职业	平均值差值 (I−J)	标准误	显著性	95%置信区间	
						下限	上限
CA	各级政府科技管理部门人员	高校科研经费管理部门人员	−0.64823 *	0.176	0.000 * *	−0.995	−0.301
		纵向科研项目团队科研人员	−0.38258 *	0.150	0.011	−0.677	−0.088
	高校科研经费管理部门人员	各级政府科技管理部门人员	0.64823 *	0.176	0.000 * *	0.301	0.995
		纵向科研项目团队科研人员	0.26565 *	0.132	0.045	0.006	0.525
	纵向科研项目团队科研人员	各级政府科技管理部门人员	0.38258 *	0.150	0.011	0.088	0.677
		高校科研经费管理部门人员	−0.26565 *	0.132	0.045	−0.525	−0.006
CS	各级政府科技管理部门人员	高校科研经费管理部门人员	−0.33249	0.178	0.063	−0.684	0.019
		纵向科研项目团队科研人员	−0.42287 *	0.151	0.006	−0.721	−0.125
	高校科研经费管理部门人员	各级政府科技管理部门人员	0.33249	0.178	0.063	−0.019	0.684
		纵向科研项目团队科研人员	−0.09038	0.133	0.499	−0.353	0.172
	纵向科研项目团队科研人员	各级政府科技管理部门人员	0.42287 *	0.151	0.006	0.125	0.721
		高校科研经费管理部门人员	0.09038	0.133	0.499	−0.172	0.353

注：* $P<0.05$，* * $P<0.001$

二、验证结果

采用 SPSS 23.0 版和 AMOS 26.0 版对本书构建的高校纵向科研经费协同治理模型内容的调查问卷量表做验证性因子分析，建立验证性因子模型，运用判断结构方程拟合指标来判定验证性因子模型是不是符合假设，厘清了高校纵向科研经费协同治理自变量协同环境、协同动因、协同主体、协同资源与协同过程和协同治理效果之间的相互关联，结果表明，自变量 CE、CA、CS、CR 以及中介变量 CP 均会对因变量 CGE 产生正向的直接影响，中介变量 CP 在自变量 CE、CA、CS、CR 与因变量 CGE 的正向影响关系中起到了部分中介作用（表 4-27）。

高校纵向科研经费协同治理模型的假设检验结果　　表 4-27

假设	检验结果
H1a：协同环境正向影响高校纵向科研经费协同治理效果	成立
H1b：协同动因正向影响高校纵向科研经费协同治理效果	成立
H1c：协同主体正向影响高校纵向科研经费协同治理效果	成立
H1d：协同资源正向影响高校纵向科研经费协同治理效果	成立
H2a：协同环境正向影响高校纵向科研经费协同治理过程	成立
H2b：协同动因正向影响高校纵向科研经费协同治理过程	成立
H2c：协同主体正向影响高校纵向科研经费协同治理过程	成立
H2d：协同资源正向影响高校纵向科研经费协同治理过程	成立

续表

假设	检验结果
H3a:协同过程在协同环境和协同治理效果间起中介作用	部分中介
H3b:协同过程在协同动因和协同治理效果间起中介作用	部分中介
H3c:协同过程在协同主体和协同治理效果间起中介作用	部分中介
H3d:协同过程在协同资源和协同治理效果间起中介作用	部分中介

第五章　高校纵向科研经费协同治理机制构建

本章以协同治理理论为基础，阐述了高校纵向科研经费协同治理机制的理论框架，并阐明了在各种保障机制的护航下，由内外动力机制推动的主体合作、资源整合、激励培养、评价监督等运行机制完成高校纵向科研经费治理全过程，以提升协同治理效果，丰富了高校纵向科研经费协同治理体系的理论拓展研究。

第一节　高校纵向科研经费协同治理机制框架

一、高校纵向科研经费协同治理机制界定

“机制”一词的英文是 Mechanism，它的词源要追溯到古希腊语的“mekhane”，也被《辞海》《新牛津词典》解释为机体、系统、方式、原理、功能、天然顺序、过程、发生等词义。所谓机制，是指各要素之间的结构关系和运行方式。机制的产生与存在依赖于行动的每个关键因素，它们之间互相关联，各个关键因素在特定的动力作用下发挥功能达成该行动系统的目标[136]。目前，学界研究认为机制的静态关系结构是指构成主体间的相互联系即协同治理结构，它的动态表现形式是指主体间相互作用，即协同治理机制，它们的作用如果呈现“1＋1＞2”的结果，即为协同治理效果[137]。基于国内外学者对机制的阐述，本章对高校纵向科研经费协同治理机制做如下界定：各级政府科技管理部门及同级拨款单位、高校科研经费管理部门、纵向科研项目团队通过相互认同、有效参与、交流合作、整合资源，促使高校纵向科研经费协同治理系统产生序参量，并对其序参量进行管理控制，使高校纵向科研经费协同治理的自组织系统正向演化，以确保高校纵向科研经费治理中多主体协同效应倍增，从而实现高校纵向科研经费协同治理目标功能的总和。

二、高校纵向科研经费协同治理机制框架

基于第三章构建的高校纵向科研经费协同治理体系，根据高校纵向科研经费治理中主体—过程—资源协同三维体系的动态演变结构特征分析，高校纵向科研经费治理中各协同要素只有在动力机制、运行机制和保障机制相互作用下，进行资源有机整合和动态过程调整，才能实现整体的协同治理效果。

高校纵向科研经费协同治理强调三大主体为了追求高校科技创新水平和合法合规地使用纵向科研经费的公共利益，采用协同治理方式是最佳选择。这是因为高校纵向科研经费协同治理机制是在高校纵向科研经费协同治理过程中，各相关主体内部、主体之间以及与

外部环境之间相互作用，促使各协同要素进行有机整合和动态调整，它能够保证各个参与主体在各级政府科技管理部门的领导下有序地开展高校纵向科研经费治理，对各参与主体的行为起到约束和调节作用，从而真正实现“主体—过程—资源协同”的治理效果。面对高校纵向科研经费协同治理存在的困境，建立高效、低耗的协同治理机制，才能促进高校纵向科研经费治理主体内部以及主体之间形成良好的协同关系及治理效果。故本章从动力、运行、保障三个维度来设计高校纵向科研经费协同治理机制（图 5-1）。

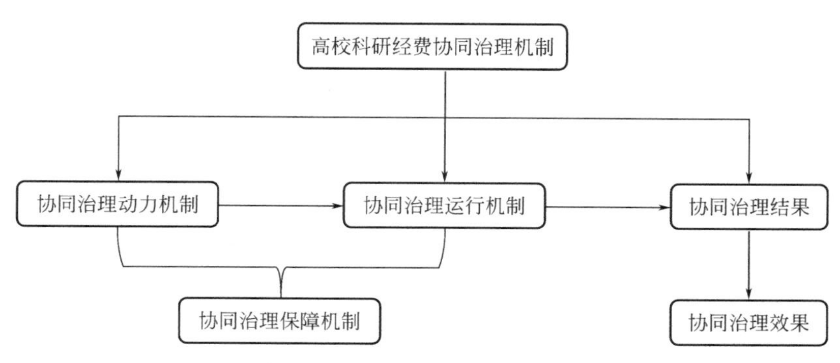

图 5-1　高校纵向科研经费协同治理机制示意图

（一）协同治理动力机制

协同治理动力机制是三大主体参与协同过程的前提，是三大主体的思想目标认同一致去推动协同治理的机制，它的存在表明协同治理目标与科研经费治理现状间的差距是高校纵向科研经费协同治理的根源，也是高校纵向科研经费治理主体之间协同行为的基础和起点。

（二）协同治理运行机制

协同治理运行机制是基于动力机制，使高校纵向科研经费治理过程中的三大主体之间相互沟通、资源整合、信息反馈等作用产生序参量，并对其进行管理控制，进而使由序参量主导的纵向科研经费协同治理体系能够平稳有序地完成，并实现协同治理预期目标[138]。高校纵向科研经费协同治理运行机制是由一系列的纵向科研经费协同治理活动及措施组成。

（三）协同治理保障机制

高校纵向科研经费协同治理保障机制包含政策、信息、成果、信用、言论、薪奖等保障措施。只有完整的协同治理保障机制才能确保高校纵向科研经费治理中三大主体的思想与目标协同的实现。

总之，在高校纵向科研经费协同治理机制中，动力机制作为高校纵向科研经费协同治理的起点，是运行机制得以运作的前提，运行机制是在保障机制的护航下才能顺利完成。

因此，三大机制是实现高校纵向科研经费协同治理效果的功能体现。

第二节　高校纵向科研经费协同治理动力机制

高校纵向科研经费治理中主体—过程—资源协同的源动力包括内在和外在的源动力，其中内在的源动力是高校纵向科研经费协同治理思想理念形成的根本源泉，它是主观能动的；而外在的源动力则是体制制度和法规监管等，它是客观存在的。高校纵向科研经费协同治理的外部动力机制包括政策引导、法规约束及评价监管机制，它们主要是对高校纵向科研经费协同治理起到外部指导作用；高校纵向科研经费协同治理的内部动力机制包括主体认同、信任沟通及风险应对机制，它们主要是对高校纵向科研经费协同治理起到内部驱动作用。本节从动力机制着手，解析高校纵向科研经费协同治理过程中的动力机制是如何实现的，高校纵向科研经费治理中三大主体协同是基于动力源的驱动，同时，动力源的功能发挥又依赖治理主体的协调；内在的源动力是促使高校纵向科研经费治理中三大主体协同的关键驱动力；它是在外在的源动力驱动下强化，进而产生强有力的主体协同动力；外在的源动力通过作用于内在的源动力来实现其驱动效能，进而实现高校纵向科研经费协同治理目标。

一、外在动力机制

（一）政策引导机制

国家科技政策是各项科学研究的指南针。各级政府科技管理部门颁布和推行多项与纵向科研经费管理相关的政策法规，以推动高校纵向科研经费协同治理的实施，这是高校纵向科研经费协同治理中最有力的外在动力。但是，在高校纵向科研经费治理中，由于科研经费管理部门之间以及纵向科研项目团队之间往往存在着管理矛盾和利益冲突，会阻碍高校科研经费协同治理理念的被接受和认可，从而限制高校纵向科研经费协同治理中两大主体间产生协同行为。因此，提高后二者的协同参与度是高校科研经费协同治理形成的关键。通过对高校纵向科研经费治理主体行为进行干预而对其意志和理念施加影响，通过政策引导价值观和行为规范等外在动力源推动高校纵向科研经费协同治理理念内化到高校纵向科研经费治理主体的行动中，成为稳定有序地推进高校纵向科研经费协同治理的重要基础，进而改变既往高校纵向科研经费治理过分依赖行政手段的局面。高校科研经费管理部门及纵向科研项目团队在外在动力作用下，相互联合也可能倒逼主导主体接受其反馈意见，进行相应的科技政策改革和更新，从而发挥其引导作用。

（二）法规约束机制

在高校纵向科研经费协同治理过程中，需要充分运用法规约束机制，确保纵向科研项目经费全程管理的有序进行。三大主体之间存在着资源整合配置使用协调及知识技术产权保护和科技成果评价等问题。为了适应科技创新驱动发展战略需要，与科研有关的法律法规经过反复修订，通过法律法规的约束手段对科技成果、创新发明等知识产权加以保护，极大地调动了纵向科研项目团队的科研参与热情，加强了三大主体间的相互信任。高校科研经费管理部门对使用纵向科研经费违纪的纵向科研项目团队处罚也必须有法可依、有据可查，找出原有的科研经费管理制度的缺陷，反馈给各级政府科技管理部门并及时完善，这是因为尽管现有的科技法律法规已经相对完整，但仍需不断完善和全覆盖。从根本上说，高校纵向科研经费协同治理的核心动力是三大主体自身利益的诉求，通过完善科技成果转化及保护的法律法规，确保协同治理的有序开展获得实效。

（三）评价监管机制

政策引导机制和法规约束机制的主要目的是激发高校纵向科研经费治理中三大主体的协同，尤其是激发纵向科研项目团队的科技创新活力，推动其合法合规地使用科研经费。而评价监管机制是对高校纵向科研经费协同治理进行安全把控。监管可以推进高校纵向科研经费协同治理的正向运行，为高校科学研究和技术创新保驾护航，确保高校各监管主体与执行主体协同有效地运行。目前，高校纵向科研经费使用监管分为内审外监。内部审计主体是指高校财务、审计、纪检、监察等党政管理部门，它们都起到关键的内部监管作用。比如，当高校纵向科研项目规划预算编制时，就应当由上述监管部门介入，考虑如何协调三大主体的“权、责、利”。外部监管主体是第三方力量，它们参与监管具有公正性和中立性，在高校纵向科研项目结题时，对专利保护和成果转化进行外部监管，能够使高校纵向科研经费治理中三大主体之间充分地沟通协作，很好地解决困境，化解矛盾，完成项目运作。

二、内在动力机制

（一）主体协同机制

各级政府科技管理部门是高校纵向科研经费协同治理的主导者。作为主导主体，它们不仅提供政府财政拨款用于高校纵向科研项目的研究，还要维护稳定的协同环境，其他治理主体无法具备此项功能。除了各级政府科技管理部门这一主导主体发挥引导和推动作用，高校纵向科研经费协同治理工作与每个高校纵向科研项目团队的科研人员切身利益紧密相关，因此三大主体是否积极参与高校纵向科研经费协同治理还决定了高校纵向科研经费协同治理的方向和内容以及协同治理的力度。对各级政府科技管理部门来说，社会协同的压力既要求其做好协同治理规划，提高纵向科研经费管理效率，又要求其借鉴其他公共事业项目协同治理的成功经验来改进高校纵向科研经费协同治理模式。在高校纵向科研经费协同治理中，高校科研人员群体不仅要努力完成预期的纵向科研项目的研究目标，还要具有主动参与高校纵向科研经费协同治理的职责能力，而高校科研经费管理部门要在整个过程中发挥监管、督导、服务作用，推动这一新的纵向科研经费管理机制的实现。

（二）信任沟通机制

高校纵向科研经费协同治理的本质是三大主体协同治理的过程。主体间的相互信任可以推动高校纵向科研经费治理的协同效果。各级政府科技管理部门扮演着引导高校科研经费管理部门和纵向科研项目团队积极参与的主导角色，而高校科研经费管理部门和纵向科研项目团队则扮演着科研项目管理、经费使用管理、技术创新攻关、科研专利和成果评价、科研利益分配的重要角色。在高校纵向科研经费治理过程中，主体之间缺乏信任就会在出现问题后导致各个主体的不团结，相互推诿责任，这对于高校科学研发过程和纵向科研项目团队合法合规地使用预算经费、完成科研任务都相当不利。信任沟通机制有两种具体的表现形式：①及时规范公布相关科研信息，让各个主体掌握科技发展动态和经费使用情况，提升主体间相互信任的程度；②由主导主体牵头三大主体群不定时召开集中协作会，讨论科研存在的“权责利”，提供交流探讨高校纵向科研经费协同治理的一体化平台，形成三大主体群的工作人员从相互交流到信任协作的多主体协同环境。

（三）风险应对机制

在高校纵向科研经费协同治理中，风险应对机制贯穿其中，这主要是来自高校内、外部的风险。通过识别纵向科研经费使用的各种风险，三大主体采用职责和担当等方法严加控制，从而将可能的道德及利益风险降至最低，这对高校纵向科研经费治理主体共同承担风险的协同互助有着较大的帮助。在高校纵向科研经费协同治理中，需要三大主体识别纵向科研经费的使用风险，并愿意加强协作、共同面对。风险应对机制恰恰能够让参与高校纵向科研经费治理的三大主体在明确权责利的基础上，采取有效的防御措施抵御纵向科研经费使用的风险发生。基于信任和思想共识去构建高校纵向科研经费治理多主体协同的风险应对机制，凝聚管理力量，给予参与高校纵向科研经费治理的多主体强大的信念，建立互信互助的协同合作伙伴关系，提高共同抵御风险的效果。

第三节　高校纵向科研经费协同治理运行机制

在高校纵向科研项目进行研究的每个阶段各个主体都有协同任务，每个协同过程都需要相应的主体—过程—资源协同。高校纵向科研经费协同治理运行机制就是各级政府科技管理部门及高校科研经费管理部门、纵向科研项目团队在不同的阶段根据收集到的科研经费管理信息，制定相应的对策和实施方案，落实相应的部门、人员，整合配置相应的资源，它是以动态过程来实现高校纵向科研经费治理中的主体—过程—资源协同。高校纵向科研经费协同治理的运行机制主要是用以展现协同治理的全过程，包括完成一系列的活动，从开始制定治理目标，到贯彻执行现有的管理办法，发现急需解决的治理困境，建立三大主体群的信任沟通和价值理念的协同，并相互反馈，在它们的共同作用下最终确保高校纵向科研经费协同治理的实现。

一、主体合作机制

主体合作机制是高校纵向科研经费协同治理的运行机制能否实现的核心机制。当三大主体均认同协同治理理念和方法在高校纵向科研经费治理过程中具有重要意义时，在政策法律法规引导下，通过相互交流、有效沟通，达成共识，实现高校纵向科研经费治理目标中的主体协同。各级政府科技管理部门无疑是高校纵向科研经费协同治理的主导主体，起到重要的推动和监管作用；同时，还应充分调动高校两大参与主体的积极性与主动性，使其成为治理的核心力量，只有增强高校科研经费管理相关部门和纵向科研项目团队在纵向科研经费协同治理中的平等话语权，才能保障其在治理中的利益。因此，要想高校纵向科研经费协同治理过程顺利运行，就必须实现主体合作机制，才能使主体—过程—资源协同高效，从而使合作主义成为高校纵向科研经费治理中多主体协同的共同信念。在主体合作机制中，各级政府科技管理部门制订纵向科研项目研究计划时已明确三大主体群在高校纵向科研经费协同治理过程中的共同目标与各自目标，从而形成一致意见，达成合作。同样，纵向科研项目团队群体也要主动、积极、平等地参与高校纵向科研经费协同治理，一个项目完成需要团队人员群体积极努力参与，更需要与高校科研经费管理部门之间有着良性互动，这样有助于高校经费管理部门对纵向科研项目团队科研活动进行有效监督。财务和审计部门可通过事前、事中、事后监督帮助纵向科研项目团队和管理部门把好纵向科研经费使用关口，共同完成高校纵向科研项目。

二、激励培养机制

激励机制是指高校纵向科研经费协同治理体系中起主导作用的主体为了实现各利益相关主体的共同目标以及科学价值观而采取的现实手段，包括对纵向科研项目团队科研人员群体运用规范化、固定化的激励手段，在高校内、外部产生激励，其机制包括：①各级政府科技管理部门给纵向科研项目提供经费支持和科技政策法律法规的引导；②高校给纵向科研项目团队提供科研经费、科研工时、科研信息、科研场地、实验设施等方面的科技资源支持；③高校将参与纵向科研项目团队的科研产出及日常评优调级、晋升职称职务等实绩给予激励政策。在采取激励机制的同时，高校管理层面均会采用培养机制，培养思想品质正确、基础理论扎实、技术水平成熟、工作素养较高的高校科技人才。通过改善高校科研工作环境，让科研人员群体充分发挥才能，同时厘清纵向科研项目团队科研人员群体的需要，尽可能将其科研活动趋向同高校纵向科研经费治理目标置于相同视域。政府科技激励政策为高校纵向科研经费治理中主体协同加油鼓劲。在政府发布的科技管理文件中，都包含了对纵向科研项目的表彰或奖励，这就需要高校科研经费管理部门对纵向科研项目团队的科技创新成果进行评价，确定激励措施，依据科研人员的贡献大小进行对应的精神和物质奖励，激励其不断向高校纵向科研项目经费治理目标靠拢。高校也可通过政策层面的激励手段，对承担纵向科研项目的团队或科研人员个人进行资金补助、基金扶持等，以此带动并激发主体协同完成治理目标，保障高校纵向科研经费协同治理机制的有效运行。

三、评价监督机制

高校纵向科研经费协同治理的评价机制是为了对高校纵向科研经费协同治理中三大主体的贡献和成果进行公正评价而提出的。通过量化分级的评价指标体系，将治理中三大主体的协同过程设置出科学合理的评价指标，比如对产出的专著、论文、专利、成果转化等三级指标进行科学性、可比性、实用性的评价，提升政府层面对高校科研工作的合理监管，防止廉政风险发生，促进高校纵向科研经费治理机制的良性运转。建立高校纵向科研经费协同治理的监督机制，对每个纵向科研项目团队在预算、核算、结算、监督、评价等阶段的行为进行监控和督促，及时对科研人员群体、科研物资的使用、科研人员的工作效率、主体“搭便车”行为以及其他各种不合理、不合法的经费使用行为进行有效的处置。同时，对每个纵向科研项目团队制定相应的科研任务经费指标，及时考核，为奖惩问责机制和补偿机制的实施提供实践依据。

第四节　高校纵向科研经费协同治理保障机制

为保障高校纵向科研经费协同治理有效运行，需要一系列保障机制确保运行机制的完成。

一、政策保障机制

各级政府科技管理部门不断建立和完善有关科学研究的法制法规监督体系，不断更新科技政策及科研管理规定；通过借鉴国际科学规范标准，整合和优化科学技术规范和国家标准，打造适应本土的更为严格的科学规范标准体系，使之更具有辅助政策价值。从国家层面来看，制定具有政策引导性的纵向科研经费管理制度，对保障高校纵向科研项目的开展和完成是非常重要的。从高校层面来看，一定要以国家相关科技政策、法律法规为指导，制定适合本高校的内部科研管理办法。从科研人员层面来看，纵向科研项目团队负责人的职权一定以诚信机制挂帅，使政策保障机制成为高校纵向科研经费协同治理的基石。

二、信息保障机制

高校是国家科技创新的中坚力量，大量的科学研究使各级政府科技管理部门掌握了巨大的相关数据信息，它们通过信息共享方式与高校科研经费管理部门及纵向科研项目团队建立良好的科技协作关系，形成信息互动。各级政府科技管理部门通过政府网站和科技信息平台主动公开有关纵向科研项目的相关信息，为每个纵向科研项目团队的科研人员参与高校纵向科研经费协同治理提供重要的方式和路径。一手的经费数据信息公开和分析总结，对于各级政府科技管理部门制定相关科技政策规范、科研人员了解纵向科研经费使用政策具有重要作用。高校科研经费管理部门应自觉将相关信息与各级政府科技管理部门及纵向科研项目团队共享，发挥合力协同作用。纵向科研项目团队也应积极提供纵向科研经费相关信息，积极向高校科研经费的委托和依托主体建言献策、贡献力量。积极推进“信用管理”和推动科研活动质量公开承诺，维护获取科技信息的相关权利，增加高校科研管理信息公开的力度。

三、成果保障机制

高校科研经费管理部门在高校纵向科研项目从投入开始到结束全过程要进行定期监督，通过法定的科研成果技术鉴定和风险评价以及飞行检查，查验纵向科研项目团队承担的纵向科研项目成果能否达到相应技术标准要求并验收合格。我国的纵向科研项目验收机构主要隶属于各级政府科技管理部门的事业单位，它们面临着验收力量的严重不足，因此转变验收模式，调整验收周期，逐步引入第三方社会科技力量，不断提升科研项目验收效率已成为高校纵向科研经费治理中三大主体协同的成果保障机制。承担纵向科研项目的团队应建立健全科研项目的质量保障体系，提供高于国家标准的科技成果和科研专利，以提升纵向科研项目团队的成果转化效益。

四、信用保障机制

信用保障机制是指纵向科研项目团队在各级政府科技管理部门、高校科研经费管理部门中间建立“个人信用”的行为举措。高校要加强对科研人员群体的诚信管理，健全完善科研诚信工作机制，建立量化的信用评级系统和科研人员信用管理数据库；以科研人员依法纳税、合同履约、科研活动质量相关记录为重点，建立守信记录平台，规范信用服务行为，完善科研诚信管理制度。通过内部监督加外部审计方式，将科研人员个人的诚信等级与其本人纵向科研基金申请、科技成果推荐申报、科研绩效考核等科技活动直接关联，建立“失信黑榜”，而纵向科研项目团队应将“诚信”视为科研保障。

五、言论保障机制

高校纵向科研经费协同治理的实现需要言论保障机制。政府科技信息平台的构建，使各级政府科技管理部门通过信息共享方式发布各种科技信息、发展趋势及科研奖励情况、失信的科研人员处理情况等内容；高校用校园网及手机微信公众号发布上述信息及本高校纵向科研项目与经费等内容；纵向科研项目团队利用校内网络平台和政府科技信息平台链接，可以查询有关纵向科研项目的政策、制度、指南、管理办法、验收标准及每年科研项目的进展及获奖名单，增加参与高校纵向科研经费协同治理的话语权，各级政府科技管理部门和高校科研经费管理部门同样要高度重视纵向科研项目团队科研人员的意见和建议。

六、薪奖保障机制

高校层面为了激励高校教师，通过提高参与纵向科研项目团队科研人员的薪酬待遇和计算科研工时，完善相关人员的岗位级别，建立级别津贴、食宿交通补贴、全勤奖和超额奖、专利发明奖、论文著作奖、科技进步奖等薪奖保障机制，尤其是“放管服”政策实施部分放权给高校，使高校相关部门可更灵活地依据现实条件和政府最新的科技要求制定相关的办法，从而激发高校科研人员的科技创新热情和创造原发动力，吸引更高水平的科技人才加入纵向科研项目团队工作。

本章从动力机制、运行机制、保障机制三个方面构建了高校纵向科研经费协同治理机制，其中动力机制是触发机制，而运行机制是由一系列的协同活动及治理措施组成，保障机制贯穿全过程，确保高校纵向科研经费协同治理的实现。

第六章　高校纵向科研经费协同治理效果评价

本章对高校纵向科研经费协同治理效果评价体系的设计是按照本书第三章所构建的高校纵向科研经费协同治理体系内容进行整理，确定了高校纵向科研经费协同治理效果评价体系的各项评价指标权重值，选择具有代表性的教育部直属S高校进行案例验证，为研究高校纵向科研经费协同治理效果提供了较为科学、适用的评价体系。

第一节　高校纵向科研经费协同治理效果评价体系构建原则

高校纵向科研经费协同治理效果是其治理活动通过一定规则和运作机制展现出的效果，在进行高校纵向科研经费协同治理效果评价指标体系设计时，应从高校纵向科研经费协同治理体系的主体—过程—资源协同的序参量进行归纳总括，使其具备提升高校纵向科研经费协同治理效果的实践价值。

建构高校纵向科研经费协同治理效果评价体系，应遵循以下原则：

一是目标导向性。评价指标体系选取以高校纵向科研经费治理中主体—过程—资源协同三维体系研究为目标。同时，探索设置协同治理效果指标的评价标准、评价权重等，以此作为基本导向来构建高校纵向科研经费协同治理效果评价指标体系。

二是整体性。设计评价体系应根据科学、全面、系统的原则，设定题项，并进行考察，结合前人研究结果，尽可能从高校纵向科研经费治理中主体—过程—资源协同三维度全面、系统地反映高校纵向科研经费协同治理效果。

三是科学性。建构高校纵向科研经费协同治理效果评价体系是严格执行管理学规定的程序，真实、科学地反映高校纵向科研经费治理特征、发展和协作规律。此评价指标体系必须表征高校纵向科研经费协同治理的本质属性。

四是可比性。针对高校纵向科研经费治理效果评价体系构建，需要选择相似的评价对象所具有的共同属性的评价指标，以达到高校纵向科研经费协同治理效果的评价目的，这是对高校纵向科研经费协同治理效果进行分析的出发点。

第二节　高校纵向科研经费协同治理效果评价体系构建

一、评价指标体系初建

我国高校纵向科研经费协同治理效果评价尚属空白，依据SMART原则[139]，借鉴原有国内外研究成果[140～143][15][16][68～70]，结合第三章构建的高校纵向科研经费协同治理体系内容，确定从主体—过程—资源协同三维度选取具体的指标，建构高校纵向科研经费协同治理效果评价指标体系。该指标体系共分为 3 个层级，第一层级共有 3 项指标，第二层级共有 8 项指标，第三层级共有 32 项指标（表 6-1）。

高校纵向科研经费协同治理效果评价指标体系初建 **表 6-1**

一级指标	二级指标	三级指标	文献来源
主体协同	思想协同	实现国家科技创新驱动发展	杨明欣 尤圆 张淑玲 卢黎 张栋梁 毛亮 宋京芳 李志良
		提高纵向科研经费使用效率	
		增加科技创新成果转化	
	职责协同	领导为各主体良性互动创造条件的行为	
		三大主体自我管理机制和架构	
		各个主体对课题内容及进度的影响	
		三大主体对课题关键决策的影响	
	能力协同	有整合高校内外资源服务于科研项目的经验	
		获取高校管理部门群体的支持	
		对所有科研人员实施诚信教育	
		政府部门实施新的法律法规或经费管理政策	
		对科研经费管理政策执行情况的监督	
过程协同	预算协同	科研经费相关制度是否健全	
		科研经费预算是否符合规定	
		预算编制是否严格审核审批	
	核算协同	经费支出是否合法合规	
		预算调整和跟踪服务到位与否	
		项目是否按照预算计划实施	
	结算协同	会计核算是否规范管理	
		项目是否按时结题结账	
		预算结余经费使用情况	
		给项目团队的奖励和惩罚	
资源协同	配置协同	科技政策支持	
		科技法律法规保障	
		科技制度执行情况	
		协同文化的建设情况	
	整合协同	三大主体重视科研经费状况	
		资源审批流程规范性	
		科技资源的有效利用程度	
		科研经费使用的效率	
		各种科技资源共享的水平	
		实验室设备使用合理性	

（一）样本概况描述

S高校隶属教育部，据2021年该校官网公开发布的信息，近5年来该校科研经费达41亿元；有“973”和“863”计划以及国家重点研发、国自然、国社科以及相关部委的科研项目1万余项，正式刊登论文10103篇，获授权专利1624项；先后获国家及省部级科技奖项148个。从图6-1、图6-2的数据可知该校近5年的科研项目及经费投入情况。

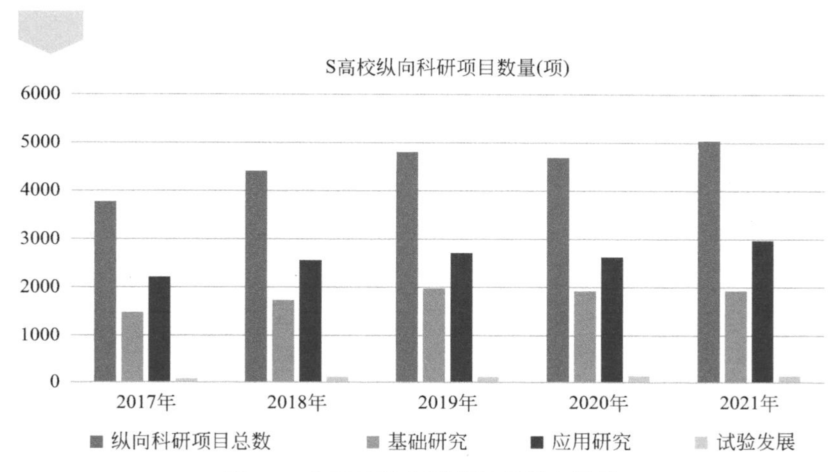

图6-1　S高校纵向科研经费投入情况

图6-2　S高校纵向科研项目数量

（二）评价数据收集

本书确定了“高校纵向科研经费协同治理效果评价调查问卷（第一轮）”，采用电子问卷（问卷星）对高校纵向科研经费协同治理效果进行评价。为了使所抽取的样本能够客观、真实地反映研究对象总体特征，本次调查问卷分为两个部分：（1）被调研者一般情况（性别、年龄、学历、职称）；（2）问卷主体，共32个题项。用{1，2，3，4，5，6，7}

分别代表｛很差、较差、差、一般、较好、好、很好｝对题项内容的偏好进行评价。共发出电子问卷 104 份，回收 104 份，其中有效电子问卷 102 份，样本容量具有代表性。回收率 100%，有效率 98.1%；回收、统计问卷并录入 Excel 统计软件，所有数据的采集与录入都是由经过培训的计算机专业人员进行处理，保证了数据的准确性与可靠性。

（三）问卷基本信息统计分析

计算被调研者性别、年龄、学历、职称，作为衡量其专业技能、知识储备以及行业经验的重要指标。数据样本的基本情况见图 6-3。

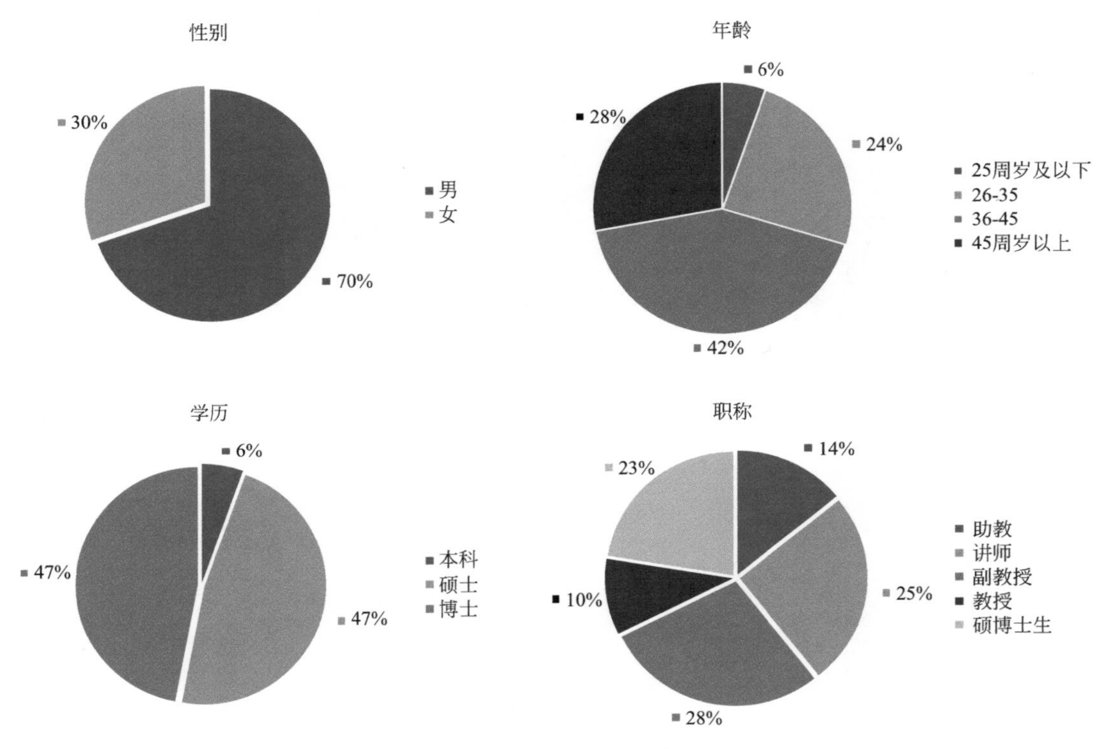

图 6-3　数据样本的基本信息

从本次调查问卷样本的基本信息统计来看，问卷的代表性和有效性较好，符合研究要求。

（四）数据检验

为了确保对高校纵向科研经费协同治理评价指标符合研究要求，使用集中度、离散度和协调度计算筛选后，做显著性检验。

1. 集中度

E_j 表示集中度，公式为：

$$E_j = \sum\nolimits_{q=1}^{7} E_{jq} m_{jq} / d , j = 1,2,\cdots,n \tag{6-1}$$

在式（6-1）中，E_j 表示评价专家对第 j 个测定指标的意见集中度；E_{jq} 表示评价专家对第 j 个测定指标给出的重要度评分等级｛1，2，3，4，5，6，7｝，分别对应｛非常不符合、比较不符合、稍微不符合、一般、稍微符合、比较符合、非常符合｝；m_{jq} 表示给第 j 个指标 q 等级的评价专家人数；d 表示评价专家总人数。

2. 离散度

σ_j 表示离散度，公式为：

$$\sigma_j = \left[\sum\nolimits_{q=1}^{7} m_{jq}(E_{jq} - E_j)^2/(d-1)\right]^{½}, j=1,2,\cdots,n \quad (6\text{-}2)$$

式（6-2）中，σ_j 表示评价专家对第 j 个测定指标的评分离散度，该值越小越好，表明评价专家给出的评级离散度低。

3. 协调度

通过协调度的计算分数可判别评价专家对指标评分是否有明显的意见分歧及衡量评价专家咨询的可信度。采用变异系数 V_i 和协调系数 w 共同表示协调度。

$$V_j = \sigma_j / E_j \quad (6\text{-}3)$$

式（6-3）中，V_j 表示评价专家对第 j 个测定指标评分的协调系数，它表示评价专家对第 j 个测定指标评分的一致程度，其值越小，提示评价专家评分的一致程度就越高。

$$S_j = \sum\nolimits_{k=1}^{d} E_{kj}, M_{sj} = \left(\sum\nolimits_{j=1}^{n} S_j\right)/n, S = \sum\nolimits_{j=1}^{n}(S_j - M_{sj})^2 \quad (6\text{-}4)$$

式（6-4）中，S_j 代表所有评价专家对第 j 个测定指标评分的等级之和，E_{kj} 代表第 k 个评价专家对第 j 个测定指标的评分，M_{sj} 代表所有评价专家对于整个测定评分等级的算数平均数，$S_j - M_{sj}$ 代表指标 j 的离均差，S 代表测定离均差的平方和。

$$W = \frac{12}{d^2(n^3 - n)} S \quad (6\text{-}5)$$

式（6-5）中，W 代表评价专家对于 n 个测定指标的协调系数，它是对整个测定评分的一致性体现，其值越低，表明评价专家的协调程度越好。若存在相同等级，对上述分母要进行修正，减去修正系数 T，此时

$$W = \frac{12}{d^2(n^3 - n) - d\sum\nolimits_{k=1}^{d} Tk} S, Tk = \sum\nolimits_{k=1}^{l}(tk^3 - tk) \quad (6\text{-}6)$$

式（6-6）中，Tk 表示相同等级指标，l 表示 k 评价专家的相同评价组数，tk 表示 l 组中相同的等级数。

根据公式计算出指标的集中度、变异系数、离散度（表 6-2）。

各个指标的集中度、变异系数、离散度　　**表 6-2**

三级指标	标识	个案数	平均值	标准差	方差	集中度（E_i）	变异系数（V_i）	离散度（σ_j）
实现国家科技创新驱动发展	A_{01}	102	5.04	1.134	1.286	5.045	0.249	0.227
提高纵向科研经费使用效率	A_{02}	102	4.91	1.264	1.598	4.617	0.217	0.325
增加科技创新成果转化	A_{03}	102	4.60	1.256	1.578	4.910	0.185	0.253

续表

三级指标	标识	个案数	平均值	标准差	方差	集中度(E_i)	变异系数(V_i)	离散度(σ_j)
领导为各主体良性互动创造条件的行为	A_{04}	102	5.12	1.175	1.379	4.597	0.188	0.264
三大主体自我管理机制和架构	A_{05}	102	4.57	1.294	1.673	5.119	0.191	0.257
各个主体对课题内容及进度的影响	$\mathbf{A_{06}}$	102	4.78	1.126	1.267	5.012	**0.285**	0.185
三大主体对课题关键决策的影响	A_{07}	102	4.55	1.352	1.827	4.567	0.194	0.273
有整合高校内外资源服务于科研项目的经验	A_{08}	102	4.67	1.330	1.769	4.478	0.236	0.340
获取高校管理部门群体的支持	A_{09}	102	4.73	1.366	1.866	4.776	0.219	0.267
对所有科研人员实施诚信教育	A_{10}	102	5.21	1.332	1.774	4.552	0.221	0.285
政府部门实施新的法律法规或经费管理政策	A_{11}	102	5.46	1.235	1.525	4.672	0.215	0.274
对科研经费管理政策执行情况的监督	A_{12}	102	5.51	1.319	1.739	4.731	0.203	0.279
科研经费相关制度是否健全	B_{01}	102	5.43	1.406	1.976	5.209	0.182	0.259
科研经费预算是否符合规定	B_{02}	102	5.55	1.449	2.100	5.463	0.206	0.264
预算编制是否严格审核审批	B_{03}	102	4.87	1.613	2.603	5.507	0.172	0.235
经费支出是否合法合规	B_{04}	102	5.21	1.388	1.925	5.433	0.184	0.253
预算调整和跟踪服务到位与否	B_{05}	102	4.58	1.458	2.126	5.552	0.189	0.253
项目是否按照预算计划实施	B_{06}	102	5.00	1.435	2.061	4.866	0.236	0.324
会计核算是否规范管理	B_{07}	102	4.48	1.618	2.617	5.209	0.215	0.281
项目是否按时结题结账	B_{08}	102	4.43	1.406	1.976	4.582	0.227	0.304
预算结余经费使用情况	B_{09}	102	4.31	1.339	1.794	5.000	0.221	0.287
给项目团队的奖励和惩罚	$\mathbf{B_{10}}$	102	4.49	1.295	1.678	4.626	**0.270**	0.230
科技政策支持	C_{01}	102	4.64	1.276	1.627	4.642	0.197	0.265
科技法律法规保障	C_{02}	102	4.52	1.248	1.556	4.522	0.203	0.267
科技制度执行情况	C_{03}	102	4.19	1.209	1.462	4.194	0.228	0.306
协同文化的建设情况	C_{04}	102	4.31	1.362	1.855	4.313	0.212	0.35
三大主体重视科研经费状况	C_{05}	102	4.42	1.479	2.186	4.418	0.248	0.318
资源审批流程规范性	$\mathbf{C_{06}}$	102	5.22	1.289	1.661	5.224	**0.280**	0.262
科技资源的有效利用程度	C_{07}	102	4.40	1.303	1.699	4.403	0.209	0.287
科研经费使用的效率	$\mathbf{C_{08}}$	102	4.42	1.416	2.005	4.418	**0.276**	0.306
各种科技资源共享的水平	C_{09}	102	4.21	1.286	1.654	4.269	0.236	0.329
实验室设备使用合理性	C_{10}	102	4.46	1.283	1.646	4.463	0.203	0.221

4. 确定指标

选取集中度≥3.5，变异系数<0.25 的测定指标，将不满足条件 A_{06}、B_{10}、C_{06}、C_{08} 的测定指标淘汰，最终筛选出 28 个测定指标。

二、评价指标体系构建

本书确定了“高校纵向科研经费协同治理效果评价调查问卷（第二轮）”，用问卷星发放了 300 份电子问卷，最终回收 282 份电子问卷，经检查 267 份有效。用｛1，2，3，4，5，6，7｝分别代表｛很差、较差、差、一般、较好、好、很好｝，再次邀请科技部、教育部、财政部、国自科、国社科、北京市科委、S 高校纵向科研经费管理部门人员、S 高校纵向科研项目团队负责人和科研人员进行打分，并对问卷数据统计处理。

（一）因子分析法的评价过程

1. 指标变量的 Pearson's 相关性检验

从 SPSS 得到的变量相关系数矩阵可知，很多指标间相关系数比较大，相关系数超过 0.9 的各对指标其对应的 *Sig* 值普遍较小，由此表明这些指标间存在显著相关性，提示因子分析的必要性。

2. 信度检验分析

采用探索性因子分析方法，表 6-2 中剩余的 28 个关键指标为因子，进一步探索分析，并验证该测定（表 6-3）。

可靠性统计　　**表 6-3**

克隆巴赫 *Cronbach's α*	基于标准化项的克隆巴赫 *Cronbach's α*	项数
0.959	0.961	28

Cronbach's α 系数是 0.959，说明该问卷具有较高的信度。

为评价 267 位评价专家对实际得分的影响，对其进行了评分者信度分析，通过 Friedman 卡方检验结果，x^2 = SS 项之间/MS 人员内部 = 334.919/1.200 = 279.152，$P<0.001$，认为评分者之间存在差异。与我们选择的三大主体人群对待高校纵向科研经费管理中主体—资源—过程协同的认识不同，符合本书设计的评价指标系统的数据统计要求。

信度反映的是所测结果的一致性、稳定性和可靠性，它是表明评价工具质量的一个重要指标，通过 SPSS 23.0 版对问卷数据对信度进行检测，该计算公式是：

$$\alpha = \frac{n-1}{n}\left(1 - \sum\nolimits_{i=1}^{n} s_i^2 / s_i^2\right) \tag{6-7}$$

式（6-7）中，n 为样本容量，$\sum\nolimits_{i=1}^{n} s_i^2$ 为样本总体方差，s_i^2 为被测量观测变量的内部方差。*Cronbach's α* 系数设置在 0～1，一般认为 *Cronbach's α* 系数超过 0.8，信度非常好；*Cronbach's α* 系数在 0.6～0.8，信度可以接受；*Cronbach's α* 系数低于 0.6，信度不足。样本信度检验结果见表 6-4。

样本信度检验结果　表 6-4

一级指标	*Cronbach's α* 系数	总体 *Cronbach's α* 系数
主体协同	0.858	0.930
过程协同	0.862	
资源协同	0.831	

由表 6-4 可知，主体协同、过程协同、资源协同的 *Cronbach's α* 系数分别是 0.858、0.862、0.831，具有相当的信度；样本数据的 *Cronbach's α* 系数达到 0.930，具有非常高的信度，说明本书编制的“高校纵向科研经费协同治理效果评价调研问卷”的信度良好，符合统计学要求，是一个有效的测量工具。

3. *KMO* 检验和 *Bartlett* 球形检验

KMO 检验是研究指标变量间的偏相关性，本测定的 *KMO* 的测度值为 0.821（*KMO* >0.7），近似卡方值 1961.054，自由度 595，*Sig*＝0.000，*P*＜0.05，具有显著性差异，属于可以接受的范围，再次验证本评价指标数据适合因子分析。

4. 指标变量的共同度

变量共同度代表各指标变量中所包含的原始信息能被提取的公因子所解释的程度（表 6-5），大部分的指标变量共同度均在 65％以上，因此，所提取的公因子对各指标变量解释的说服力都较强。

公因子提取　表 6-5

指标	初始	提取	指标	初始	提取	指标	初始	提取
1	1	0.824	13	1	0.720	25	1	0.812
2	1	0.729	14	1	0.712	26	1	0.693
3	1	0.725	15	1	0.801	27	1	0.769
4	1	0.695	16	1	0.801	28	1	0.729
5	1	0.770	17	1	0.773			
6	1	0.630	18	1	0.657			
7	1	0.739	19	1	0.759			
8	1	0.810	20	1	0.787			
9	1	0.782	21	1	0.805			
10	1	0.763	22	1	0.723			
11	1	0.741	23	1	0.860			
12	1	0.725	24	1	0.847			

5. 公因子方差

在提取因子时，采用了主成分分析法，确定因子数目的标准，采用特征值≥1.0 的标准。“初始特征值”一栏，呈示只有 8 个特征值大于 1，因此 SPSS 提取了 8 个主成分，前 8 个主成分的方差占所有主成分方差的 76.033％（表 6-6），由此可知，选择前 8 个主成分已经能够充足替代原来的指标变量，几乎能涵盖原变量的全部信息。“旋转载荷平方和方差百分比”一栏，呈示的是旋转以后的因子提取结果。

总方差解释　　**表 6-6**

成分	总计	初始特征值方差百分比	累积%	总计	提取载荷平方和方差百分比	累积%	总计	旋转载荷平方和方差百分比	累积%
1	15.48	44.228	44.228	15.480	44.228	44.228	5.248	14.993	14.993
2	2.682	7.663	51.891	2.682	7.663	51.891	4.765	13.613	28.607
3	2.057	5.876	57.767	2.057	5.876	57.767	4.627	13.220	41.826
4	1.589	4.539	62.306	1.589	4.539	62.306	4.385	12.529	54.356
5	1.354	3.870	66.176	1.354	3.870	66.176	2.484	7.096	61.451
6	1.316	3.761	69.936	1.316	3.761	69.936	1.944	5.553	67.004
7	1.124	3.210	73.147	1.124	3.210	73.147	1.585	4.529	71.533
8	1.010	2.886	76.033	1.010	2.886	76.033	1.575	4.499	76.033
9	0.916	2.618	78.651						
10	0.812	2.319	80.970						
11	0.725	2.071	83.041						
12	0.648	1.852	84.893						
13	0.557	1.590	86.484						
14	0.535	1.528	88.012						
15	0.469	1.340	89.352						
16	0.427	1.221	90.573						
17	0.396	1.131	91.704						
18	0.339	0.968	92.672						
19	0.325	0.928	93.600						
20	0.298	0.852	94.452						
21	0.261	0.746	95.199						
22	0.247	0.705	95.904						
23	0.215	0.615	96.519						
24	0.204	0.582	97.101						
25	0.187	0.535	97.636						
26	0.150	0.428	98.064						
27	0.145	0.415	98.479						
28	0.111	0.316	98.795						

本测定萃取的公因子累积解释方差占总方差的76.033%，而且最终筛选完成后的具体观测条目载荷值均在0.50以上（表6-7），因此，探索出的因子和具体条目符合统计学规范，可做后续的验证性因子分析。公因子3：思想协同，公因子4：职责协同，公因子5：

能力协同；公因子 6：预算协同，公因子 7：核算协同，公因子 8：结算协同；公因子 1：配置协同，公因子 2：整合协同。进一步分析，1～28 个题项反映了高校纵向科研经费治理中主体—过程—资源协同强度。

旋转后的成分矩阵 a 表 6-7

编号	1 配置协同	2 整合协同	3 思想协同	4 职责协同	5 能力协同	6 预算协同	7 核算协同	8 结算协同
1	0.606	0.124	0.434	0.089	0.060	0.435	0.226	0.01
2	0.630	0.082	0.433	0.226	0.050	0.283	−0.063	0.011
3	0.582	−0.031	0.313	0.368	0.465	0.301	−0.145	−0.127
4	0.768	0.205	0.120	−0.083	0.036	0.160	0.123	0.008
5	0.175	0.517	0.290	0.076	0.082	0.423	−0.048	0.442
6	0.296	0.569	0.101	0.223	0.016	0.389	−0.134	0.305
7	0.070	0.515	0.280	0.447	0.314	0.114	0.019	0.280
8	0.147	0.691	0.370	0.205	0.213	0.108	0.219	0.164
9	0.135	0.256	0.585	0.427	0.328	−0.015	0.171	0.19
10	0.165	0.248	0.580	0.334	0.412	−0.201	−0.09	0.087
11	0.342	0.304	0.698	0.102	−0.048	0.126	0.121	0.047
12	0.361	0.064	0.198	0.689	0.086	0.078	−0.036	0.251
13	0.286	0.295	0.286	0.543	0.271	0.277	−0.123	−0.101
14	0.302	−0.021	0.045	0.755	0.120	0.124	0.105	0.089
15	0.109	0.161	0.074	0.153	0.806	0.286	0.037	−0.010
16	0.505	0.162	0.168	0.246	0.606	0.224	−0.050	−0.098
17	0.359	0.105	0.161	0.299	0.704	−0.029	−0.070	0.129
18	0.438	0.253	0.081	0.223	0.533	−0.035	−0.245	0.020
19	0.428	0.391	0.022	0.043	0.627	−0.019	0.027	0.162
20	0.022	0.498	0.154	−0.009	0.321	0.507	0.271	0.287
21	0.107	0.209	0.19	0.135	0.023	0.764	0.089	0.147
22	0.176	0.038	0.151	0.061	0.063	0.837	0.212	0.060
23	−0.014	0.219	0.136	0.257	0.178	0.201	0.799	0.063
24	0.380	0.200	0.086	0.175	−0.097	0.199	0.599	−0.313
25	−0.031	−0.029	0.005	0.195	0.200	0.017	0.753	0.076
26	0.056	0.316	0.153	0.213	0.492	−0.041	0.100	0.517
27	0.314	0.211	0.294	−0.026	0.046	−0.032	0.384	0.652
28	−0.037	0.296	0.100	0.221	0.158	0.092	0.061	0.822

（二）指标体系的筛选结果

最终，确定高校纵向科研经费协同治理效果评价指标体系的 3 个维度 28 个指标（表 6-8）。

高校纵向科研经费协同治理效果评价指标体系　　表 6-8

一级指标	二级指标	三级指标	文献来源
主体协同	思想协同	实现国家科技创新驱动发展	杨明欣 尤圆 张淑玲 卢黎 张栋梁 毛亮 宋京芳 李志良
		提高纵向科研经费使用效率	
		增加科技创新成果转化	
	职责协同	领导为各主体良性互动创造条件的行为	
		三大主体自我管理机制和架构	
		三大主体对课题关键决策的影响	
	能力协同	有整合高校内外资源服务于科研项目的经验	
		获取高校管理部门群体的支持	
		对所有科研人员实施诚信教育	
		政府部门实施新的法律法规或经费管理政策	
		对科研经费管理政策执行情况的监督	
过程协同	预算协同	科研经费相关制度是否健全	
		科研经费预算是否符合规定	
		预算编制是否严格审核审批	
	核算协同	经费支出是否合法合规	
		预算调整和跟踪服务到位与否	
		项目是否按照预算计划实施	
	结算协同	会计核算是否规范管理	
		项目是否按时结题结账	
		预算结余经费使用情况	
资源协同	配置协同	科技政策支持	
		科技法律法规保障	
		科技制度执行情况	
		协同文化的建设情况	
	整合协同	三大主体重视科研经费状况	
		科技资源的有效利用程度	
		各种科技资源共享的水平	
		实验室设备使用合理性	

第三节　高校纵向科研经费协同治理效果评价体系验证

一、层次分析法主观赋权

层次分析法（AHP）是把研究对象当作一个复杂系统，并对其进行层次划分，通过指标之间相互比较，将定性的指标定量化，然后对每个层级指标的重要性进行排序，最后计算出它们对决策层目标的权重值[144]。运用 AHP 确定指标权重的过程如下：

（一）构造层次分析结构

将具体方案分为目标层、准则层和方案层，按照各层级的要素之间的隶属关系，绘制递阶层次结构图（图 6-4）。

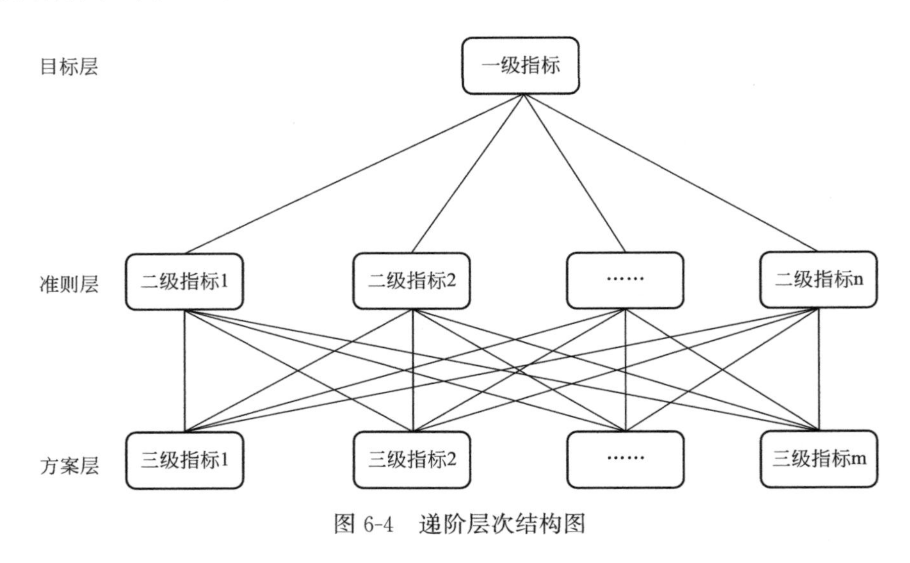

图 6-4　递阶层次结构图

（二）构造判断矩阵

T. L. Saaty 等人提出采用相对尺度和相关要素之间的两两比较，来明确其对于上层要素的相对重要性，可以有效削减性质不同的要素之间相互比较的难度。构造两两比较的判断矩阵时，只需作 m（$m-1$）/2 次即可。对于某一层 n 个因素来说，α_1，$\alpha_2\cdots\alpha_n$ 进行两两比较，构成比较判断矩阵 $\alpha=(\alpha_{ij})\ n\times m$。则 α_{ij} 代表 α_i 与 α_j 的相对重要性之间的比较，Saaty 建议用 1～9 及其倒数作为标度来确定 α_{ij} 的值（表 6-9）。

Saaty1～9 比例标度法　　　　**表 6-9**

标度	含义
1	两个因素之间具有相同的重要性
2	一个因素比另一个稍微重要一些
3	一个因素明显比另一个更重要
4	一个因素显著比另一个更重要
5	一个因素强烈比另一个更重要
6	一个因素非常强烈比另一个更重要
7	一个因素极其强烈比另一个更重要
8	一个因素超级强烈比另一个更重要
9	一个因素完全比另一个更重要

成对比较矩阵 α 的特点：①$\alpha_{ij}>0$，②$\alpha_{ji}=1/\alpha_{ij}$，③$\alpha_{ii}=1$（$i$，$j=1$，2，…，$n$）。这类矩阵 α 被称为正反矩阵。对正反矩阵 α 来说，如果对于任意 i，j，k 均有 $\alpha_{ij}\times\alpha_{jk}=\alpha_{ik}$，即被称为一致矩阵。但实际求解时，建造的判断矩阵不是都有一致性，一般需要做一致性检验。

判断矩阵，即成对比较矩阵，当构造好递阶层次结构模型后，对其中某层来说，比较第 i 个要素与第 j 个要素相对于上一层某个要素的重要性时，使用数量化的相对重要度 α_{ij} 来表示。假设共有 n 个要素参与比较，则构造判断矩阵取如下形式：

$$\begin{array}{c|cccc} B_K & C_1 & C_2 & \cdots & C_n \\ \hline C_1 & C_{11} & C_{12} & \cdots & C_{1n} \\ C_2 & C_{21} & C_{22} & \cdots & C_{2n} \\ \vdots & \vdots & \vdots & \cdots & \vdots \\ C_n & C_{n1} & C_{n2} & \cdots & C_{nn} \end{array} \tag{6-8}$$

（三）层次单排序和层次总排序

层次单排序就是根据判断矩阵，计算出上一层次某要素对本层次要素相对重要性的排序权值，判断矩阵的最大特征根及对应的特征向量的方根，步骤如下：

（1）计算判断矩阵每一行要素的乘积 m_i

$$m_i=\prod_{j=1}^{n}a_{ij} \qquad i=1，2\cdots，n$$

（2）计算 m_i 的 n 次方根 $\overline{w}_i=\sqrt[n]{m_i}$

（3）对向量 $\overline{w}=(\overline{w}_1，\overline{w}_2，\cdots，\overline{w}_n)^T$ 归一化处理

$w_i=\dfrac{\overline{w}}{\sum_{i=1}^{n}\overline{w_j}}$，则 $\overline{w}=(\overline{w}_1，\overline{w}_2，\cdots，\overline{w}_n)^T$，即为所求的特征向量。

（4）计算判断矩阵的最大特征根 λ_{max}

$$\lambda_{max}=\frac{1}{n}\sum_{i=1}^{n}\frac{(Aw)_i}{w_i} \tag{6-9}$$

式（6-9）中 $(Aw)_i$ 表示向量 Aw 的第 i 个因素。针对本书数据采用此简便易行方法。层次总排序原理与层次单排序原理类似，依次从高到低，沿着递阶层次结构，逐层计算某一层级要素对系统目标的合成权重，以确定层次结构中方案层的所有因素对于最高层总目标相对重要性的权值，它同样需要做一致性检验。

（四）一致性检验

能否确认层次单排序，则需要进行一致性检验，依照矩阵理论可以得出，如果 λ_1，λ_2，…，λ_n 是满足式 $A_x=\lambda_x$ 的数，也就是矩阵 A 的特征根，并且对于所有 $a_{ij}=1$，则 $\sum_{i=1}^{n}\lambda_i=n$。

若构造的判断矩阵完全一致时，$\lambda_1=\lambda_{max}=n$，其余特征根均为0。若构造的判断矩阵不完全一致时，则 $\lambda_1=\lambda_{max}>n$，其余特征根 λ_2，λ_3，…，λ_n 有如下关系：$\sum_{i=1}^{n}\lambda_i=n-\lambda_{max}$。

假设 λ_{max} 是判断矩阵 A 对应的最大特征值，而 w 是 λ_{max} 对应的特征向量，将 w 归一化处理，即可求得该层因素对上一层因素重要性的相对权重，求得 w，并对其归一化处理，即，层次单排序（$Aw=\lambda_{max}w$）。若 $\lambda_{max}=n$ 对应的特征向量为 $w=(w_1, w_2, \cdots, w_n)$，则有 $C_{ij}=\frac{w_i}{w_j}$，$(i, j=1, 2, \cdots, n)$。

所谓一致性检验，是指对 A 确定不一致的允许范围。其中，n 阶一致阵的唯一非零特征根为 n；n 阶正互反阵 A 的最大特征根 $\lambda\geqslant n$，当 $\lambda=n$ 时，A 为一致矩阵。由于 λ 连续的依赖于 α_{ij}，则 λ 比 n 大越多，A 的不一致性越严重，一致性指标（CI）越小，说明一致性越大。用最大特征值对应的特征向量作为被比较因素对上层某因素影响程度的权向量，其不一致程度越大，引起的判断误差越大。因而可以用 $\lambda-n$ 数值的大小来衡量A一不一致程度。定义一致性指标为：$CI=\frac{\lambda_{max}-n}{n-1}$ 来判断，若 $CI=0$，为完全一致矩阵；CI 接近于0，有满意的一致性；CI 越大，不一致就越严重。为衡量 CI 的大小，引入随机一致性指标 RI，T. L. Saaty 给出了各判断矩阵阶数下 RI 的取值（表6-10）。

平均随机一致性指标 *RI* 值 **表6-10**

阶数 n	1	2	3	4	5	6	7	8	9
RI	0.00	0.00	0.58	0.90	1.12	1.24	1.32	1.41	1.45

通过1～9及其倒数构造的随机样本矩阵来计算 RI，然后进一步构造一个正互反矩阵 $(\alpha_{ij})\ n\times n$，求出最大特征值的平均值 λ_{max}，定义如下：

对于互反矩阵 A，如果存在 $B=lgA$（$b_{ij}=lga_{ij}$，$\forall_{i,j}$），反过来，B 作为传递阵，$A=10B$（$a_{ij}=10b_{ij}$，$\forall_{i,j}$）。假如存在传递阵 C 是 B 的最优传递阵，那么矩阵 C 一定使 $\sum_{i=1}^{n}\sum_{i=1}^{n}(c_{ij}-b_{ij})^2$ 最小。因此，如果矩阵 A、B、C 同时满足以下条件：A 是互反阵；$B=lgA$；C 是 B 的最优传递阵，就可以认为 $A^*=10C$ 是 A 的正互反矩阵。

$RI=\frac{\lambda_{max}-n}{n-1}$，对1，2阶判断矩阵，$RI$ 只是形式，当阶数>2时，需将 CI 和随机一致性指标 RI 进行比较，得出检验系数 CR，公式如下：

$CR=\frac{CI}{RI}$，如果 $CR<0.1$，则认为该判断矩阵通过一致性检验，否则就不具有满意一致性。此时，A 的归一化特征向量即为方案层的指标权重向量。如果 $CR\geqslant 0.1$，则认为该判断矩阵未通过一致性检验，要进行适当调整，使之具有满意一致性（图6-5）。

二、模糊子集向量的确定

基于AHP的指标权重确定，进一步采用模糊综合评价方法[145]（Fuzzy Comprehen-

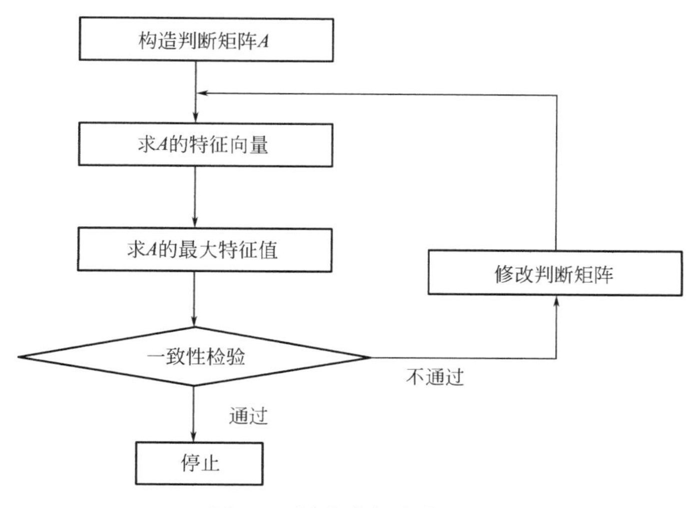

图 6-5　层次分析法流程图

sive Evaluation Method，FCEM）测定高校纵向科研经费协同治理效果。它是建立在模糊数学的基础上，利用模糊数学中隶属度的客观存在性来确定的，根据模糊集隶属函数处理实际的评价问题，可将实际问题包含的模糊信息做出合理且和实际相符的定量评价，得出的结论较为客观。具体可分为 6 个步骤：

（一）确定评价因素

FCEM 的基本思想是运用模糊数学中隶属度理论把测定指标从定性转化为定量，在此过程中，首先须确定评价指标，即评价要素集合 $U=\{u_1, u_2, \cdots, u_m\}$，$m$ 为评价要素的个数，按系统的确定指标。一般情况下，U 中的要素 U_i（$i=1, 2, \cdots, m$）还可细分，即 $U_i\ \{U_{i1}, U_{i2}\cdots, U_{im}\}$，该评价要素集称为二级评价要素集。同理，$U_{ij}$ 代表第 i 个准则层下的第 j 个指标。

（二）确定评价等级

将测定指标可能呈现的结果合集，用 $V=\{V_1, V_2, \cdots, V_n\}$ 记录，为描述每个要素的 n 种决断，即评价等级，n 表示评语个数，一般划分为 3～5 个等级，其中 V_j（$j=1, 2, \cdots, n$）每个等级都应该有模糊子集与其对应。

（三）确定权重

评价要素集里每个要素在评价目标中的地位及作用不同，也就是说，每个评价要素在综合评价中所占权重不同，权重是表达每个评价要素重要性相对的量度值，本书采用 AHP 计算，实际操作中要求权重必须满足以下条件：模糊子集 $A=\{a_1, a_2, \cdots, a_m\}$，且 $\sum ai=1$，（$i=1, 2, \cdots, n$，且 $a_i\geqslant 0$）。它体现了对各个要素的衡量。

（四）建立模糊关系矩阵

通过电子调查问卷的形式，请相关专家对研究的各个指标打分，根据打分结果进行统计，计算各指标所占比重，建立模糊综合评价集。

首先关注要素集里单要素 U_i（$i=1,2,\cdots,m$），进行单要素评价，从要素 U_i 来关注该题项内容对抉择等级 V_j（$j=1,2,\cdots,n$）的隶属度是 r_{ij}，得出第 i 个要素 u_i 的单要素评价集 $r_i=(r_{i1},r_{i2},\cdots,r_{in})$。

因此，m 个关注要素的评价集，构建一个总评价矩阵 R，即每个评价对象确定从 U 到 V 的模糊关系 R，构成一个矩阵：

$$R=(r_{ij})m\times n=\begin{bmatrix} r_{11} & r_{12} & \cdots & r_{1n} \\ r_{21} & r_{22} & \cdots & r_{2n} \\ \vdots & \vdots & \vdots & \vdots \\ r_{m1} & r_{m2} & \cdots & r_{mn} \end{bmatrix} \tag{6-10}$$

式（6-10）中，r_{ij} 代表从要素 u_i 开始关注，此评价对象的 v_j 隶属度是（$i=1,2,\cdots m$；$j=1,2,\cdots n$），即 r_{ij} 代表第 i 个要素 u_i 在 j 个评语 v_j 上的频率分布，通常使其归一化，满足 $\sum r_{ij}=1$，R 矩阵无量纲化，不需特殊处理。本书所运用的隶属函数主要源于模糊数学原理中的随机事件概率。根据各层级要素评价集逐层建立对应的模糊关系矩阵（Fuzzy matrix），协同主体 R_1，协同过程 R_2，协同资源 R_3。

（五）确定模糊子集向量

在 R 中不同的行里，可以反映某个被评价要素从不同的单要素来看对各等级模糊子集的隶属程度。用模糊权向量 A 把 R 中不同的行总括一下，便可得到该被评价要素从总体上来看对各等级模糊子集的隶属程度，引入 V 上的一个模糊子集 B，即为决策集，$B=(b_1,b_2,\cdots,b_n)$。将指标权重向量与模糊关系矩阵相乘，即可得到模糊子集向量，$B=A\times R$ 的公式。本书中 FCEM 方法采用加权平均模型：

$$b_j=\sum_{i-1}^{n}(a_i r_{ij}) \tag{6-11}$$

在运算时兼顾了各评价要素权重值，其结果体现了被评价对象的整体情况。若评判结果 $\sum b_j\neq 1$，将其归一化。式（6-11）中，b_j 代表被评价对象具有评语 v_j 的程度，如需选择决策，则选择最大的 b_j 所对应的等级 v_j 作为其评价结果 。B 代表每个被评价对象综合情况的等级，它不能直接用于被评价对象的排序，必须采用最大隶属度法则对其进行处理，得到最终评价结果。一般可以把各种等级的评级参数和评价结果 B 进行综合考虑，使其更加符合实际。此时，假设相对于各等级 v_j 规定的参数向量为 $C=(c_1,c_2,\cdots,c_n)^T$，则得出等级参数评价结果为：

$$B\times C=p \tag{6-12}$$

式（6-12）中，p 是实数大小，可以反映由等级模糊子集 B 和等级参数向量 C 所带来的综合信息。

运用合适的算子将 A 与各被评价要素 R 进行合成，得到评价对象的 FCEM 结果向量 B。即

$$B = A \times R = (A_1, A_2, \cdots, A_n) \cdot \begin{bmatrix} r_{11} & r_{12} & \cdots & r_{1n} \\ r_{21} & r_{22} & \cdots & r_{2n} \\ \vdots & \vdots & \vdots & \vdots \\ r_{m1} & r_{m2} & \cdots & r_{mn} \end{bmatrix} = (B_1, B_2, \cdots, B_n) \quad (6\text{-}13)$$

式（6-13）中，B_i 评价对象属于 V_j 等级模糊子集的程度。

FCEM 结果即为高校纵向科研经费协同治理效果的高低。在所有决策层评价要素分别求得模糊子集向量后，再求得系统的综合评价向量，然后在单个要素评价基础上进行二级模糊综合评价，根据模糊向量单值化的原则，最终得出综合评价结果。

（六）评价分析结果

遵循最大隶属度原则，采用加权平均法计算体系中各评价要素得分。得分结果一般对应 5 个档次：非常差（0～20 分）、较差（20～40 分）、一般（40～60 分）、较好（60～80 分）、非常好（80～100 分）。为减少统计学误差，选取各个级别的中值带入计算。

三、层次模型的判断矩阵

（一）构建层次模型

设计针对各级指标重要性的调查问卷，进行了问卷调查，调研时间为 2020 年 12 月～2021 年 3 月，共发放调查问卷 30 份，回收 30 份，问卷回收率为 100%。调查问卷设计为 1～7 的形式对比重要性。邀请相关度较高的各级政府科技主管部门人员（5 人）、部分高校科研管理部门工作人员（10 人）、部分高校纵向科研项目团队负责人（15 人）共 30 名组成专家小组，针对调查问卷的各项评价指标进行打分，综合评分结果进行汇总。通过对各专家修正后的矩阵对应位置求几何平均，获得群决策矩阵，得到两两判别矩阵。首先构建层次分析结构（图 6-6），然后构建各层判断矩阵。以判断矩阵 A 为目标，通过两两比较法确定各个指标的相对权重，使用 MATLAB 8.5 版本进行 AHP 计算，进而求出各判断矩阵最大特征值和特征向量。采用了每个层级的临界比值（CR 值），并以此判断各题项的区分水平。

（二）判断矩阵

由表 6-11 可得，$\lambda_{max} = 3.0000$，$CI = 0.0000$，$RI = 0.58$，$CR = 0.0000$，$CR < 0.1$，具有令人满意的一致性。该判断矩阵权重的详细计算过程为：

先计算判断矩阵中每一行元素的乘积，$m_i = \prod_{j=1} a_{ij} = [0.5000，0.5000，4.0000]$

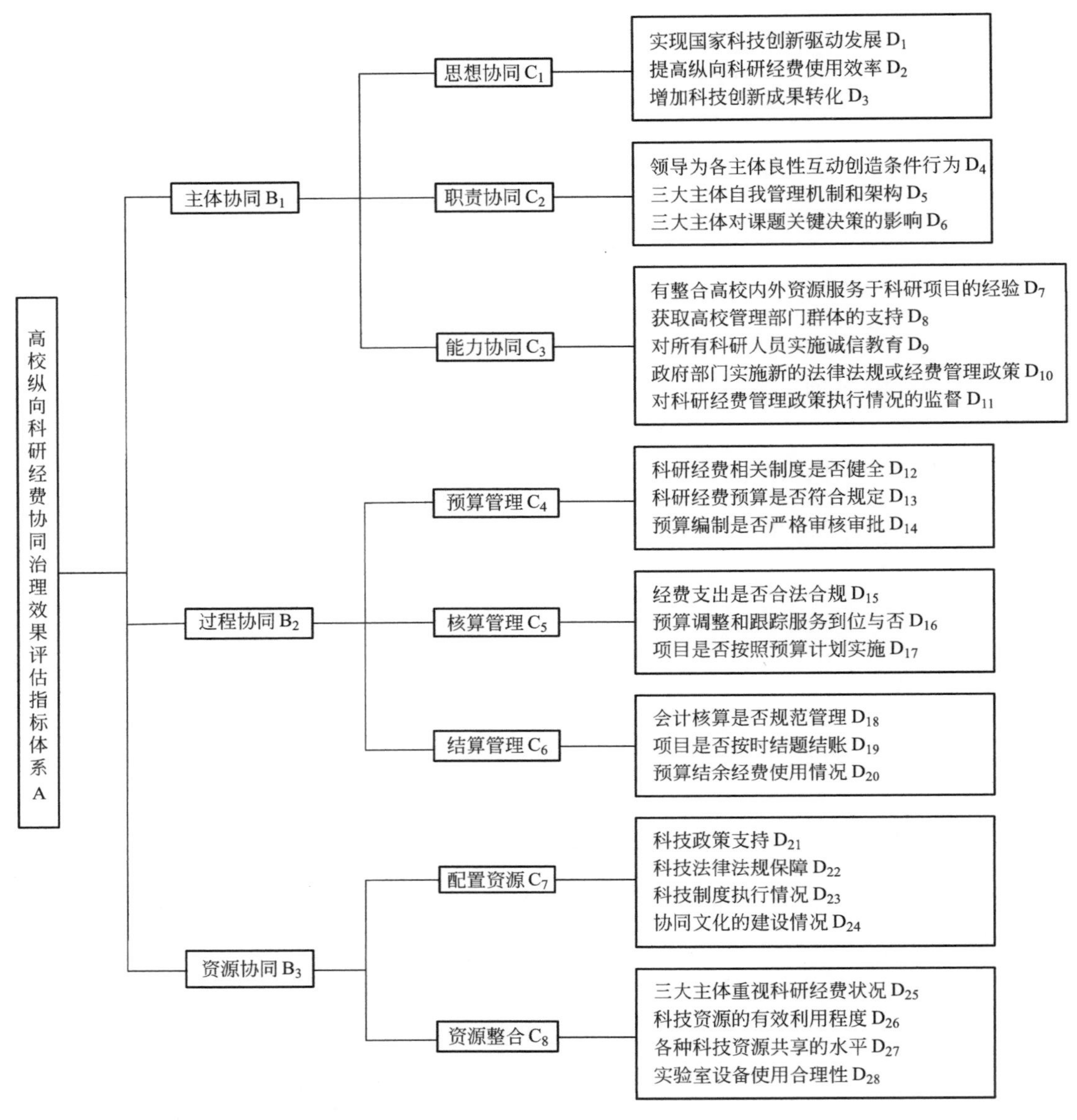

图 6-6　高校纵向科研经费协同治理效果评价指标的层次分析结构

一级指标的判断矩阵　　　　表 6-11

评价指标	主体协同	过程协同	资源协同	w_i
主体协同	1	1	1/2	0.25
过程协同	1	1	1/2	0.25
资源协同	2	2	1	0.50

然后，计算 m_i 的 n 次方根，$w_i^* = \sqrt[n]{m_i} = [0.7937, 0.7937, 1.5874]$

再对向量进行归一化处理：$w_i = w_i^* / \sum_{i=1}^{n} w_i^* = [0.2500, 0.2500, 0.5000]$

最大特征值 λ_{max} 的计算为：$\lambda_{max}=\frac{1}{n}\sum_{i=1}^{n}\frac{(Aw)_i}{w_i}=1/3\times 9.0000=3.0000$

其中，$(Aw)_i=$ [0.7500，0.7500，1.5000]

得到一致性指标 CI 为：$CI=\frac{\lambda_{max}-n}{n-1}=$（3.0000−3）/（3−1）=0.0000

由 RI 表查到当判断矩阵为 3 阶时，RI 为 0.58。

计算得到平均一致性为：$CR=CI/RI=0.0000/0.58=0.0000<0.1$，通过了一致性检验。

二级指标的判断矩阵（一） **表 6-12**

评价指标	思想协同	职责协同	能力协同	w_i
思想协同	1	3	1	0.4434
职责协同	1/3	1	1/2	0.1692
能力协同	1	2	1	0.3874

由表 6-12 可得，$\lambda_{max}=3.0183$，$CI=0.0091$，$RI=0.58$，$CR=0.0158$，$CR<0.1$，具有令人满意的一致性。该判断矩阵权重的详细计算过程为：

先计算判断矩阵中每一行元素的乘积，$m_i=\prod_{j=1} a_{ij}=$ [3.0000，0.1667，2.0000]

然后，计算 m_i 的 n 次方根，$w_i^*=\sqrt[n]{m_i}=$[1.4422，0.5503，1.2599]

再对向量进行归一化处理：$w_i=w_i^*/\sum_{i=1}^{n}w_i^*=$ [0.4434，0.1692，0.3874]

最大特征值 λ_{max} 的计算为：$\lambda_{max}=\frac{1}{n}\sum_{i=1}^{n}\frac{(Aw)_i}{w_i}=1/3\times 9.0549=3.0183$

其中，$(Aw)_i=$ [1.3384，0.5107，1.1692]

得到一致性指标 CI 为：$CI=\frac{\lambda_{max}-n}{n-1}=$（3.0183−3）/（3−1）=0.0091

由 RI 表查到当判断矩阵为 3 阶时，RI 为 0.58。

计算得到平均一致性为：$CR=CI/RI=0.0091/0.58=0.0158<0.1$，通过了一致性检验。

二级指标的判断矩阵（二） **表 6-13**

评估指标	预算协同	核算协同	结算协同	w_i
预算协同	1	3	2	0.5278
核算协同	1/3	1	1/3	0.1396
结算协同	1/2	3	1	0.3325

由表 6-13 可得，$\lambda_{max}=3.0536$，$CI=0.0268$，$RI=0.58$，$CR=0.0462$，$CR<0.1$，具有令人满意的一致性。该判断矩阵权重的详细计算过程为：

先计算判断矩阵中每一行元素的乘积，$m_i=\prod_{j=1} a_{ij}=$[6.0000，0.1111，1.5000]

然后，计算 m_i 的 n 次方根，$w_i^* = \sqrt[n]{m_i} = [1.8171, 0.4807, 1.1447]$

再对向量进行归一化处理：$w_i = w_i^* / \sum_{i=1}^{n} w_i^* = [0.5278, 0.1396, 0.3325]$

最大特征值 λ_{max} 的计算为：$\lambda_{max} = \frac{1}{n}\sum_{i=1}^{n}\frac{(Aw)_i}{w_i} = 1/3 \times 9.1609 = 3.0536$

其中，$(Aw)_i = (1.6118, 0.4264, 1.0154)$

得到一致性指标 CI 为：$CI = \frac{\lambda_{max} - n}{n - 1} = (3.0536 - 3)/(3 - 1) = 0.0268$

由 RI 表查到当判断矩阵为 3 阶时，RI 为 0.58。

计算得到平均一致性为：$CR = CI/RI = 0.0268/0.58 = 0.0462 < 0.1$，通过了一致性检验。

二级指标的判断矩阵（三）　　表 6-14

评估指标	配置协同	整合协同	w_i
配置协同	1	2	0.6667
整合协同	1/2	1	0.333

由表 6-14 可得，$\lambda_{max} = 2.0000$，$CI = 0.0000$，$RI = 0$，$CR = 0.0000$，具有令人满意的一致性。表中可知配置协同的重要性是整合协同的 2 倍，由判断矩阵的基本概念，可得到二者权重。

三级指标的判断矩阵（一）　　表 6-15

评估指标	实现国家科技创新驱动发展	提高纵向科研经费使用效率	增加科技创新成果转化	w_i
实现国家科技创新驱动发展	1	4	5	0.6870
提高纵向科研经费使用效率	1/4	1	1/2	0.1265
增加科技创新成果转化	1/5	2	1	0.1865

由表 6-15 可得，$\lambda_{max} = 3.0940$，$CI = 0.0470$，$RI = 0.58$，$CR = 0.0810$，$CR < 0.1$，具有令人满意的一致性。该判断矩阵权重的详细计算过程为：

先计算判断矩阵中每一行元素的乘积，$m_i = \prod_{j=1} a_{ij} = [20.0000, 0.1250, 0.4000]$

然后，计算 m_i 的 n 次方根，$w_i^* = \sqrt[n]{m_i} = [2.7144, 0.5000, 0.7368]$

再对向量进行归一化处理：$w_i = w_i^* / \sum_{i=1}^{n} w_i^* = [0.6870, 0.1265, 0.1865]$

最大特征值 λ_{max} 的计算为：$\lambda_{max} = \frac{1}{n}\sum_{i=1}^{n}\frac{(Aw)_i}{w_i} = 1/3 \times 9.2820 = 3.0940$

其中，$(Aw)_i = [2.1255, 0.3915, 0.5770]$

得到一致性指标 CI 为：$CI = \frac{\lambda_{max} - n}{n - 1} = (3.0940 - 3)/(3 - 1) = 0.0470$

由 RI 表查到当判断矩阵为 3 阶时，RI 为 0.58。

计算得到平均一致性为：$CR = CI/RI = 0.0470/0.58 = 0.0810 < 0.1$，通过了一致性检验。

三级指标的判断矩阵（二）　　表 6-16

评估指标	领导为各主体良性互动创造条件的行为	三大主体自我管理机制和架构	三大主体对课题关键决策的影响	w_i
领导为各主体良性互动创造条件的行为	1	6	3	0.6548
三大主体自我管理机制和架构	1/6	1	1/3	0.0953
三大主体对课题关键决策的影响	1/3	3	1	0.2499

由表 6-16 可得，$\lambda_{max}=3.0183$，$CI=0.0091$，$RI=0.58$，$CR=0.0158$，$CR<0.1$，具有令人满意的一致性。该判断矩阵权重的详细计算过程为：

先计算判断矩阵中每一行元素的乘积，$m_i=\prod_{j=1} a_{ij}=[18.0000, 0.0556, 1.0000]$

然后，计算 m_i 的 n 次方根，$w_i^*=\sqrt[n]{m_i}=[2.6207, 0.3816, 1.0000]$

再对向量进行归一化处理：$w_i=w_i^*/\sum_{i=1}^{n} w_i^*=[0.6548, 0.0953, 0.2499]$

最大特征值 λ_{max} 的计算为：$\lambda_{max}=\frac{1}{n}\sum_{i=1}^{n}\frac{(Aw)_i}{w_i}=1/3\times 9.0549=3.0183$

其中，$(Aw)_i=(1.9764, 0.2878, 0.7541)$

得到一致性指标 CI 为：$CI=\frac{\lambda_{max}-n}{n-1}=(3.0183-3)/(3-1)=0.0091$

由 RI 表查到当判断矩阵为 3 阶时，RI 为 0.58。

计算得到平均一致性为：$CR=CI/RI=0.0091/0.58=0.0158<0.1$，通过了一致性检验。

三级指标的判断矩阵（三）　　表 6-17

评估指标	有整合高校内外资源服务于科研项目的经验	获取高校管理部门群体的支持	对所有科研人员实施诚信教育	政府部门实施新的法律法规或经费管理政策	对科研经费管理政策执行情况的监督	w_i
有整合高校内外资源服务于科研项目的经验	1	2	1/5	1/3	1/2	0.0954
获取高校管理部门群体的支持	1/2	1	1/5	1/3	1/3	0.0667
对所有科研人员实施诚信教育	5	5	1	2	2	0.4120
政府部门实施新的法律法规或经费管理政策	3	3	1/2	1	1	0.2216
对科研经费管理政策执行情况的监督	2	3	1/2	1	1	0.2043

由表 6-17 可得，$\lambda_{max}=5.0546$，$CI=0.0137$，$RI=1.12$，$CR=0.0122$，$CR<0.1$，具有令人满意的一致性。该判断矩阵权重的详细计算过程为：

先计算判断矩阵中每一行元素的乘积，$m_i=\prod_{j=1} a_{ij}=[0.0667, 0.0111, 100.0000, 4.5000, 3.0000]$

然后，计算 m_i 的 n 次方根，$w_i^*=\sqrt[n]{m_i}=[0.5818, 0.4066, 2.5119, 1.3510, 1.2457]$

再对向量进行归一化处理：$w_i=w_i^*/\sum_{i=1}^{n} w_i^*=[0.0954, 0.0667, 0.4120, 0.2216,$

0. 2043]

最大特征值 λ_{max} 的计算为：$\lambda_{max}=\frac{1}{n}\sum_{i=1}^{n}\frac{(Aw)_i}{w_i}=1/5\times 25.2732=5.0546$

其中，$(Aw)_i=(0.4872,\ 0.3388,\ 2.0743,\ 1.1182,\ 1.0228)$

得到一致性指标 CI 为：$CI=\frac{\lambda_{max}-n}{n-1}=(5.0546-5)/(5-1)=0.0137$

由 RI 表查到当判断矩阵为 5 阶时，RI 为 1.12。

计算得到平均一致性为：$CR=CI/RI=0.0137/1.12=0.0122$ 通过了一致性检验。

三级指标的判断矩阵（四）　　表 6-18

评估指标	科研经费相关制度是否健全	科研经费预算是否符合规定	预算编制是否严格审核审批	w_i
科研经费相关制度是否健全	1	5	1	0.4665
科研经费预算是否符合规定	1/5	1	1/4	0.1005
预算编制是否严格审核审批	1	4	1	0.4330

由表 6-18 可得，$\lambda_{max}=3.0055$，$CI=0.0028$，$RI=0.58$，$CR=0.0048$，$CR<0.1$，具有令人满意的一致性。该判断矩阵权重的详细计算过程为：

先计算判断矩阵中每一行元素的乘积，$m_i=\prod_{j=1} a_{ij}=[5.0000,\ 0.0500,\ 4.0000]$

然后，计算 m_i 的 n 次方根，$w_i^*=\sqrt[n]{m_i}=[1.7100,\ 0.3684,\ 1.5874]$

再对向量进行归一化处理：$w_i=w_i^*/\sum_{i=1}^{n}w_i^*=[0.4665,\ 0.1005,\ 0.4330]$

最大特征值 λ_{max} 的计算为：$\lambda_{max}=\frac{1}{n}\sum_{i=1}^{n}\frac{(Aw)_i}{w_i}=1/3\times 9.0166=3.0055$

其中，$(Aw)_i=[1.4020,\ 0.3020,\ 1.3015]$

得到一致性指标 CI 为：$CI=\frac{\lambda_{max}-n}{n-1}=(3.0055-3)/(3-1)=0.0028$

由 RI 表查到当判断矩阵为 3 阶时，RI 为 0.58。

计算得到平均一致性为：$CR=CI/RI=0.0028/0.58=0.0048<0.1$，通过了一致性检验。

三级指标的判断矩阵（五）　　表 6-19

评估指标	经费支出是否合法合规	预算调整和跟踪服务到位与否	项目是否按照预算计划实施	w_i
经费支出是否合法合规	1	4	1	0.4330
预算调整和跟踪服务到位与否	1/4	1	1/5	0.1005
项目是否按照预算计划实施	1	5	1	0.4665

由表 6-19 可得，$\lambda_{max}=3.0055$，$CI=0.0028$，$RI=0.58$，$CR=0.0048$，$CR<0.1$，具有令人满意的一致性。该判断矩阵权重的详细计算过程为：

先计算判断矩阵中每一行元素的乘积，$m_i=\prod_{j=1} a_{ij}=[4.0000,\ 0.0500,\ 5.0000]$

然后，计算 m_i 的 n 次方根，$w_i^* = \sqrt[n]{m_i}$ =[1.5874，0.3684，1.7100]

再对向量进行归一化处理：$w_i = w_i^* / \sum_{i=1}^{n} w_i^*$ =[0.4330，0.1005，0.4665]

最大特征值 λ_{max} 的计算为：$\lambda_{max} = \frac{1}{n}\sum_{i=1}^{n}\frac{(Aw)i}{w_i} = 1/3 \times 9.0166 = 3.0055$

其中，$(Aw)_i$=[1.3015，0.3020，1.4020]

得到一致性指标 CI 为：$CI = \frac{\lambda_{max} - n}{n-1} = (3.0055-3)/(3-1) = 0.0028$

由 RI 表查到当判断矩阵为 3 阶时，RI 为 0.58。

计算得到平均一致性为：$CR = CI/RI = 0.0028/0.58 = 0.0048 < 0.1$，通过了一致性检验。

三级指标的判断矩阵（六）　　**表 6-20**

评估指标	会计核算是否规范管理	项目是否按时结题结账	预算结余经费使用情况	w_i
会计核算是否规范管理	1	1	5	0.4665
项目是否按时结题结账	1	1	4	0.4330
预算结余经费使用情况	1/5	1/4	1	0.1005

由表 6-20 可得，$\lambda_{max} = 3.0055$，$CI = 0.0028$，$RI = 0.58$，$CR = 0.0048$，$CR < 0.1$，具有令人满意的一致性。该判断矩阵权重的详细计算过程为：

先计算判断矩阵中每一行元素的乘积，$m_i = \prod_{j=1} a_{ij}$ =[5.0000，4.0000，0.0500]

然后，计算 m_i 的 n 次方根，$w_i^* = \sqrt[n]{m_i}$ =[1.7100，1.5874，0.3684]

再对向量进行归一化处理：$w_i = w_i^* / \sum_{i=1}^{n} w_i^*$ =[0.4665，0.4330，0.1005]

最大特征值 λ_{max} 的计算为：$\lambda_{max} = \frac{1}{n}\sum_{i=1}^{n}\frac{(Aw)_i}{w_i} = 1/3 \times 9.0166 = 3.0055$

其中，$(Aw)_i$=[1.4020，1.3015，0.3020]

得到一致性指标 CI 为：$CI = \frac{\lambda_{max} - n}{n-1} = (3.0055-3)/(3-1) = 0.0028$

由 RI 表查到当判断矩阵为 3 阶时，RI 为 0.58。

计算得到平均一致性为：$CR = CI/RI = 0.0028/0.58 = 0.0048 < 0.1$，通过了一致性检验。

三级指标的判断矩阵（七）　　**表 6-21**

评估指标	科技政策支持	科技法律法规保障	科技制度执行情况	协同文化的建设情况	w_i
科技政策支持	1	3	2	5	0.4832
科技法律法规保障	1/3	1	1/2	2	0.1569
科技制度执行情况	1/2	2	1	3	0.2717
协同文化的建设情况	1/5	1/2	1/3	1	0.0882

由表 6-21 可得，$\lambda_{max}=4.0145$，$CI=0.0048$，$RI=0.9$，$CR=0.0054$，$CR<0.1$，具有令人满意的一致性。该判断矩阵权重的详细计算过程为：

先计算判断矩阵中每一行元素的乘积，$m_i=\prod_{j=1} a_{ij}=[30.0000，0.3333，3.0000，0.0333]$

然后，计算 m_i 的 n 次方根，$w_i^*=\sqrt[n]{m_i}=[2.3403，0.7598，1.3161，0.4273]$

再对向量进行归一化处理：$w_i=w_i^*/\sum_{i=1}^{n} w_i^*=[0.4832，0.1569，0.2717，0.0882]$

最大特征值 λ_{max} 的计算为：$\lambda_{max}=\frac{1}{n}\sum_{i=1}^{n}\frac{(Aw)_i}{w_i}=1/4\times16.0581=4.0145$

其中，$(Aw)_i=[1.9383，0.6302，1.0917，0.3539]$

得到一致性指标 CI 为：$CI=\frac{\lambda_{max}-n}{n-1}=(4.0145-4)/(4-1)=0.0048$

由 RI 表查到当判断矩阵为 4 阶时，RI 为 0.9。

计算得到平均一致性为：$CR=CI/RI=0.0048/0.9=0.0054<0.1$，通过了一致性检验。

三级指标的判断矩阵（八） **表 6-22**

评估指标	三大主体重视科研经费程度	科技资源的有效利用程度	各种科技资源共享的水平	实验室设备使用合理性	w_i
三大主体重视科研经费程度	1	1/5	2	1/4	0.1153
科技资源的有效利用程度	5	1	3	1	0.4035
各种科技资源共享的水平	1/2	1/3	1	1/3	0.0995
实验室设备使用合理性	4	1	3	1	0.3816

由表 6-22 可得，$\lambda_{max}=4.1563$，$CI=0.0521$，$RI=0.9$，$CR=0.0579$，$CR<0.1$，具有令人满意的一致性。该判断矩阵权重的详细计算过程为：

先计算判断矩阵中每一行元素的乘积，$m_i=\prod_{j=1} a_{ij}=[0.1000，15.0000，0.0556，12.0000]$

然后，计算 m_i 的 n 次方根，$w_i^*=\sqrt[n]{m_i}=[0.5623，1.9680，0.4855，1.8612]$

再对向量进行归一化处理：$w_i=w_i^*/\sum_{i=1}^{n} w_i^*=[0.1153，0.4035，0.0995，0.3816]$

最大特征值 λ_{max} 的计算为：$\lambda_{max}=\frac{1}{n}\sum_{i=1}^{n}\frac{(Aw)_i}{w_i}=1/4\times16.6253=4.1563$

其中，$(Aw)_i=[0.4905，1.6603，0.4189，1.5450]$

得到一致性指标 CI 为：$CI=\frac{\lambda_{max}-n}{n-1}=(4.1563-4)/(4-1)=0.0521$

由 RI 表查到当判断矩阵为 4 阶时，RI 为 0.9。

计算得到平均一致性为：$CR=CI/RI=0.0521/0.9=0.0579<0.1$，可知通过了一致性检验。

最后，得到权重汇总计算结果（表 6-23）。

高校纵向科研经费协同治理测定指标赋权　　**表 6-23**

准则层	相对权重	子准则层	相对权重	指标层	相对权重	绝对权重	排序
主体协同	0.25	思想协同	0.4434	实现国家科技创新驱动发展	0.6870	0.0762	3
				提高纵向科研经费使用效率	0.1265	0.0140	21
				增加科技创新成果转化	0.1865	0.0207	15
		职责协同	0.1692	领导为各主体良性互动创造条件的行为	0.6548	0.0277	13
				三大主体自我管理机制和架构	0.0953	0.0040	27
				三大主体对课题关键决策的影响	0.2499	0.0106	23
		能力协同	0.3874	有整合高校内外资源服务于科研项目的经验	0.0954	0.0092	24
				获取高校管理部门群体的支持	0.0667	0.0065	26
				对所有科研人员实施诚信教育	0.4120	0.0399	9
				政府部门实施新的法律法规或经费管理政策	0.2216	0.0215	14
				对科研经费管理政策执行情况的监督	0.2043	0.0198	16
过程协同	0.25	预算协同	0.5279	科研经费相关制度是否健全	0.4665	0.0616	6
				科研经费预算是否符合规定	0.1005	0.0133	22
				预算编制是否严格审核审批	0.4330	0.0571	7
		核算协同	0.1396	经费支出是否合法合规	0.4330	0.0151	20
				预算调整和跟踪服务到位与否	0.1005	0.0035	28
				项目是否按照预算计划实施	0.4665	0.0163	19
		结算协同	0.3325	会计核算是否规范管理	0.4665	0.0388	10
				项目是否按时结题结账	0.4330	0.0360	11
				预算结余经费使用情况	0.1005	0.0084	25
资源协同	0.5	配置协同	0.6667	科技政策支持	0.4832	0.1611	1
				科技法律法规保障	0.1569	0.0523	8
				科技制度执行情况	0.2717	0.0906	2
				协同文化的建设情况	0.0882	0.0294	12
		整合协同	0.3333	三大主体重视科研经费程度	0.1153	0.0192	17
				科技资源的有效利用程度	0.4035	0.0673	4
				各种科技资源共享的水平	0.0995	0.0166	18
				实验室设备使用合理性	0.3816	0.0636	5

最终，计算出高校纵向科研经费协同治理效果评价的一级指标的权重分别为：主体协同 0.2500，过程协同 0.2500，资源协同 0.500。

由一级指标权重结果可以得知，资源协同对 S 高校纵向科研经费协同治理效果的重要性最大，主体协同和过程协同次之。从表 6-23 结果可以得知，对总目标协同治理效果相对重要性的三级指标前 10 位分别是：科技政策支持（0.1611）、科技制度执行情况（0.0906）、实现国家科技创新驱动发展（0.0762）、科技资源的有效利用程度（0.0673）、实验室设备使用合理性（0.0636）、科研经费相关制度是否健全（0.0616）、预算编制是否严格审核审批（0.0571）、科技法律法规保障（0.0523）、对所有科研人员实施诚信教育（0.0399）、会计核算是否规范管理（0.0388）。这 10 个指标中，资源协同占 5 个，过程协同占 3 个，主体协同占 2 个。

四、模糊综合评价法评价结果

运用 FCEM 法对 S 高校纵向科研经费协同治理效果进行综合评价，使用问卷数据进行模糊计算，确定一级指标对评价集的隶属度，可分别建立 3 个一级指标（主体协同 B_1、过程协同 B_2、资源协同 B_3）的模糊关系矩阵，在得出一级指标模糊关系矩阵的基础上，可根据公式 $B=A\times R$ 求得各一级指标的模糊子集向量。选取评价结果的中值为（20，40，60，80，100），通过加权平均的能力 $B=A\times[B_1, B_2, B_3]^T$，使用 MATLAB 8.5 版本进行 FCEM 计算，求得最终的评价结果。建立模糊要素层级结构，按一级模糊要素集、二级模糊要素集、三级模糊要素集进行评价。

（一）模糊要素层级结构

首先，给出各个层级指标：$A=\{B_1$ 主体协同要素，B_2 过程协同要素，B_3 资源协同要素$\}$。B_1 主体协同要素$=\{C_1$ 思想协同，C_2 职责协同，C_3 能力协同$\}$，B_2 过程协同要素$=\{C_4$ 预算协同，C_5 核算协同，C_6 结算协同$\}$，B_3 资源协同要素$=\{C_7$ 资源配置，C_8 资源整合$\}$。

C_1 思想协同$=\{D_1$ 实现国家科技创新驱动发展，D_2 提高纵向科研经费使用效率，D_3 增加科技创新成果转化$\}$，C_2 职责协同$=\{D_4$ 领导为各主体良性互动创造的行为条件，D_5 三大主体自我管理机制和架构，D_6 三大主体对课题关键决策的影响$\}$，C_3 能力协同$=\{D_7$ 有整合高校内外资源服务于科研项目的经验，D_8 获取高校管理部门群体的支持，D_9 对所有科研人员实施诚信教育，D_{10} 政府部门实施新的法律法规或经费管理政策，D_{11} 对科研经费管理政策执行情况的监督$\}$，C_4 预算协同$=\{D_{12}$ 科研经费相关制度是否健全，D_{13} 科研经费预算是否符合规定，D_{14} 预算编制是否严格审核审批$\}$，C_5 核算协同$=\{D_{15}$ 经费支出是否合法合规，D_{16} 预算调整和跟踪服务到位与否，D_{17} 项目是否按照预算计划实施$\}$，C_6 结算协同$=\{D_{18}$ 会计核算是否规范管理，D_{19} 项目是否按时结题结账，D_{20} 预算结余经费使用情况$\}$，C_7 配置协同$=\{D_{21}$ 科技政策支持，D_{22} 科技法律法规保障，D_{23} 科技制度执行情况，D_{24} 协同文化的建设情况$\}$，C_8 整合协同$=\{D_{25}$ 三大主体重视科研经费状况，D_{26} 科技资源的有效利用程度，D_{27} 各种科技资源共享的水平，D_{28} 实验室设备使用合理性$\}$。

（二）模糊元素权重

给出各个层级指标的权重，见表 6-24。

各层级指标模糊元素权重　　表 6-24

体系	一级指标	二级指标	三级指标	模糊综合评价结果				
				差	较差	中等	良好	优秀
高校纵向科研经费协同治理效果				0.0219	0.0585	0.2581	0.5178	0.1437
	主体协同			0.0239	0.0762	0.2871	0.4816	0.1312
		思想协同		0.0104	0.0618	0.2279	0.5013	0.1986
			实现国家科技创新驱动发展	0.0098	0.0686	0.1863	0.5294	0.2059
			提高纵向科研经费使用效率	0	0.0294	0.2549	0.4804	0.2353
			增加科技创新成果转化	0.0196	0.0588	0.3627	0.4118	0.1471
		职责协同		0.0319	0.1151	0.3778	0.3983	0.0769
			领导为各主体良性互动创造条件的行为	0.0392	0.1471	0.4804	0.3039	0.0294
			三大主体自我管理机制和架构	0.0392	0.0686	0.3039	0.5490	0.0392
			三大主体对课题关键决策的影响	0.0098	0.0490	0.1373	0.5882	0.2157
		能力协同		0.0360	0.0757	0.3153	0.4954	0.0776
			有整合高校内外资源服务于科研项目的经验	0	0.0196	0.2059	0.5980	0.1765
			获取高校管理部门群体的支持	0.0784	0.0980	0.5392	0.2549	0.0294
			对所有科研人员实施诚信教育	0.0588	0.1078	0.3627	0.4608	0.0098
			政府部门实施新的法律法规或经费管理政策	0.0294	0.0490	0.3529	0.5294	0.0392
			对科研经费管理政策执行情况的监督	0	0.0588	0.1569	0.5588	0.2255
	过程协同			0.0198	0.0351	0.2225	0.5626	0.1599
		预算协同		0.0284	0.0405	0.2595	0.5503	0.1212
			科研经费使用风险	0.0294	0.0490	0.2941	0.5000	0.1275
			科研经费预算是否符合规定	0.0196	0.0490	0.2451	0.5784	0.1078
			预算编制是否严格审核审批	0.0294	0.0294	0.2255	0.5980	0.1176
		核算协同		0.0020	0.0039	0.1513	0.6140	0.2287
			经费支出是否合法合规	0	0	0.0784	0.6667	0.2549
			预算调整和跟踪服务到位与否	0.0196	0.0392	0.1667	0.5980	0.1765
			项目是否按照预算计划实施	0	0	0.2157	0.5686	0.2157
		结算协同		0.0137	0.0396	0.1938	0.5605	0.1925
			会计核算是否规范管理	0.0294	0.0588	0.3039	0.5196	0.0882

续表

体系	一级指标	二级指标	三级指标	模糊综合评价结果				
				差	较差	中等	良好	优秀
			项目是否按时结题结账	0	0.0098	0.0882	0.5980	0.3039
			预算结余经费使用情况	0	0.0784	0.1373	0.5882	0.1961
	资源协同			0.0219	0.0613	0.2613	0.5136	0.1419
		配置协同		0.0134	0.0491	0.2182	0.5286	0.1907
			科技政策支持	0	0.0098	0.0882	0.5980	0.3039
			科技法律法规保障	0.0294	0.0294	0.1078	0.6275	0.2059
			科技制度执行情况	0.0196	0.1176	0.4216	0.4020	0.0392
			协同文化的建设情况	0.0392	0.0882	0.5000	0.3627	0.0098
		整合协同		0.0389	0.0857	0.3476	0.4835	0.0442
			三大主体重视科研经费程度	0.0490	0.1275	0.3824	0.4216	0.0196
			科技资源的有效利用程度	0.0196	0.0784	0.3627	0.4804	0.0588
			各种科技资源共享的水平	0.0294	0.0196	0.2255	0.6176	0.1078
			实验室设备使用合理性	0.0588	0.0980	0.3529	0.4706	0.0196

以下进行三级模糊综合评价：

$X=WA\times RA=[0.0219，0.0585，0.2581，0.5178，0.1437]$

令等级分值$Y=[1，2，3，4，5]^T$，得到最终得分$Z=X\times Y=3.7029$，可知评价结果为接近良好的水平。

按照上述计算，同样可得到一级指标B_1主体协同、B_2过程协同、B_3资源协同的分数：3.6198，3.8077，3.6922，二级指标C_1思想协同、C_2职责协同、C_3能力协同、C_4预算协同、C_5核算协同、C_6结算协同、C_7配置协同、C_8整合协同的分数：3.8160、3.3732、3.5027、3.6953、4.064、3.8781、3.8339、3.4078（图 6-7）。

1. 主体协同维度

$B_1=(0.0239\ 0.0762\ 0.2817\ 0.4816\ 0.1312)\times(20，40，60，80，100)^T=72.396$

2. 过程协同维度

$B_2=(0.0198\ 0.0351\ 0.2225\ 0.5626\ 0.1599)\times(20，40，60，80，100)^T=76.154$

3. 资源协同维度

$B_3=(0.0219\ 0.0613\ 0.2613\ 0.5136\ 0.1419)\times(20，40，60，80，100)^T=73.844$

4. 协同治理效果

上述结果显示，高校纵向科研经费协同治理效果评价：优秀14.37%，良好51.78%，中等25.81%，较差5.85%，非常差2.19%。根据所选取的评价结果中值为（20，40，60，80，100）。因此，S高校纵向科研经费协同治理效果的模糊综合评价分值：

$AU=(0.0219，0.0585，0.2581，0.5178，0.1437)\times(20，40，60，80，100)^T=74.058$

因此，可以评价得出S高校纵向科研经费协同治理效果良好（60～80分）。

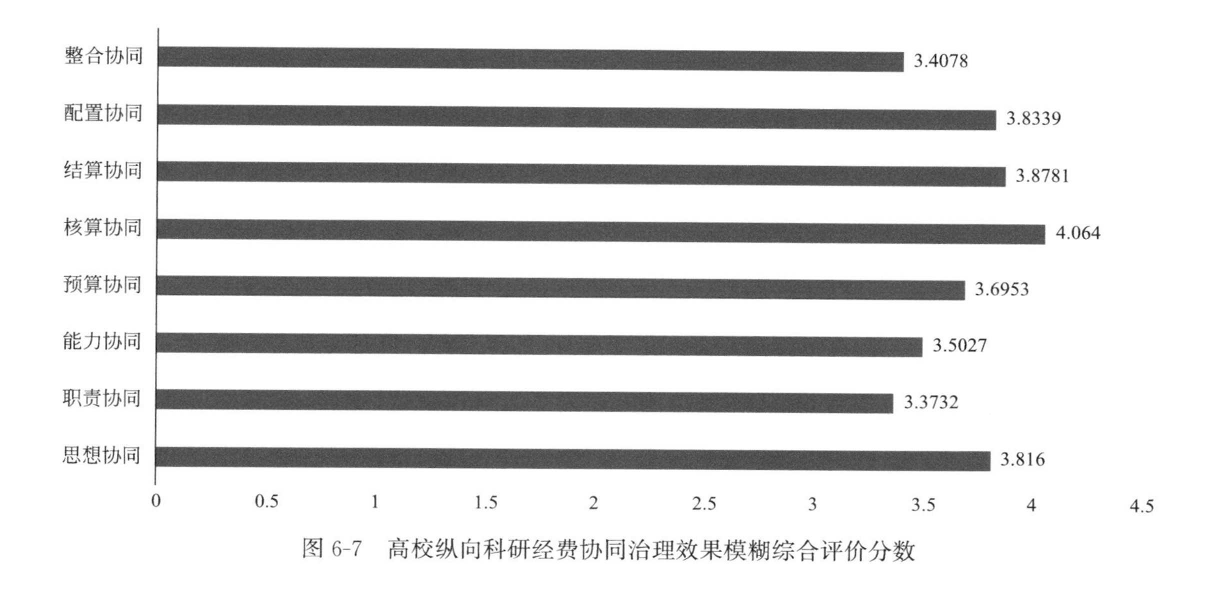

图 6-7　高校纵向科研经费协同治理效果模糊综合评价分数

五、评价结果分析

本书构建的高校纵向科研经费协同治理效果评价指标体系在S高校实际运用中得到了验证。通过模糊综合评价可以发现，对于S高校纵向科研经费协同治理效果的评价等级为良好，与教育部对于该校“十三五”期间的科研评价报告结果一致。其中，过程协同表现最好（76.154分），处于“良好”的水平，证实S高校在纵向科研经费协同治理中过程顺畅；资源协同的分数是73.844，提示对高科技人才聚集的S高校来说，除了需要进一步争取获得各层次的纵向科研经费和重视科技政策支持等，更需要提升各种科技资源共享水平和加强高校实验室设备使用的合理性，只有这样才能确保其科研产出的大幅增长；主体协同的分数是72.396，提示S高校在纵向科研经费协同治理中必须加强三大主体之间和高校主体内部的相互交流、有效沟通；协同治理总体评价得74.058分，为“良好”状态，提示S高校纵向科研经费协同治理能力还有待提升。在过程协同评价中最高分值是核算协同，其后依次是结算协同、预算协同，提示在过程协同评价中核算和结算协同做得最好，而预算较弱。在资源协同评价中配置协同较好，整合协同得分较低，说明S高校的本身资源利用和共享需要提升的空间较大。在主体协同评价中，思想协同明显高于能力协同，而职责协同得分最低，提示三大主体对参与S高校纵向科研经费协同治理目标明确，但在实操时需要加强主体之间的沟通交流与合作共治，其协同治理能力还需努力提升。

第七章　高校纵向科研经费治理系统协同度测定

本章测定高校纵向科研经费治理系统协同度，是选择子系统的序参量的功效系数进行评价，它可以动态、定量、直观地反映高校纵向科研经费治理系统协同效应的强弱，其协同度值越高，协同治理效果越强。基于复合协同度模型探究高校纵向科研经费治理要素协同演变和要素间协同程度，为验证高校纵向科研经费协同治理效果提供进一步的案例佐证。

第一节　高校纵向科研经费治理系统协同度框架设计

高校纵向科研经费治理系统是由各级政府科技管理部门及同级拨款单位、高校纵向科研经费管理部门及纵向科研项目团队以高校纵向科研经费的效益与发展为中心构成的三级三重委托代理关系的系统，通过互相之间的影响、作用、制约而构成具有一定结构和功能的有机整体系统。

一、系统协同度内涵及评价目的

协同度是一个反映系统内部各要素之间相互作用和协作程度的数值指标，是指系统自身为了实现协同发展的目标，通过自组织演化而达到协调一致的程度。一个系统的协同程度取决于系统本身和组成该系统的各子系统之间的有序程度。协同度是形容协同效应的一种表现形式，系统的协同度越高，说明协同效果越好。系统的协同度和整体协同效应是成正比的。本书将高校纵向科研经费治理系统协同度作为衡量该系统整体协同效应的指标。通过本书第三章构建的高校纵向科研经费协同治理体系内容去界定系统协同度的 3 个子系统：主体协同、过程协同、资源协同。主体协同子系统、过程协同子系统是实体对象；资源协同子系统通过对主体协同、过程协同的供给及共享来影响系统运行的变化，它是系统运行的重要支撑。主体—过程—资源协同子系统有序度测定可评价其协同效应的强弱。总的来说，协同度以 0～1 来表示，其值越高，意味着高校纵向科研经费协同治理效果越强。

二、系统协同度评价框架

依据协同度评价结果可以动态、直观、定量地了解高校纵向科研经费协同治理效果，便于发现和分析高校纵向科研经费治理中协同方面的不足之处，故需建立高校纵向科研经费治理系统协同模型。首先确定协同子系统，并分为 3 层级，从高层到低层依次递进，高层级子系统受低层级子系统的影响，第一层级子系统是资源协同，它是系统表层，也就是上层的直接要素；第二层级子系统是过程协同，它是系统中层，也就是中间层的间接要素；第三层级子系统是主体协同，它是系统深层，也就是底层的基础因素（图 7-1）。

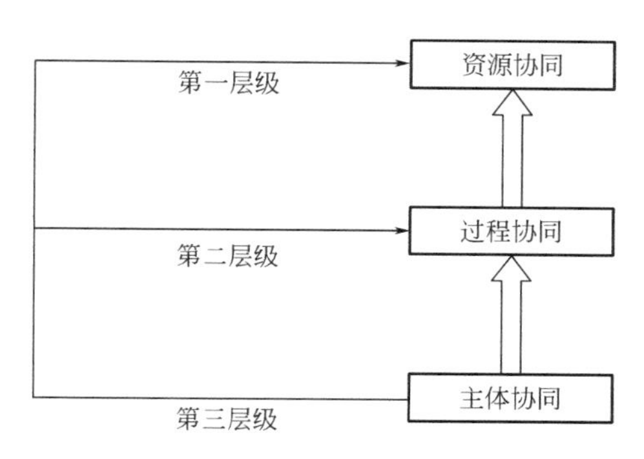

图 7-1　子系统层级关系

三、系统协同度模型构建

根据以上设计，建立子系统有序度及复合协同度模型。

（一）子系统有序度模型

采用 $X=\{X_1, X_2, X_3\}$ 表示高校纵向科研经费治理系统；X_1 资源协同子系统、X_2 主体协同子系统、X_3 过程协同子系统；用 U 表示高校。

采用 X_{ij} ，$\in\{1, 2\cdots, n\}$，$n\geqslant1$，代表子系统 X_i ，$i\in\{1, 2, 3\}$ 包含的序参量即为系统协同度测定指标。采用 α_{ij}、β_{ij} 代表系统稳定临界点测定指标的目标值和最低值，α、β 分别代表序参量 X_{ij} 的上限、下限，其值使用研究期内测定指标的最小值和最大值，研究期 $t\in[1, m]$，假设在研究期内第 i 个子系统的序参量统计序列为：$x_{ij}(1)$，$x_{ij}(2)$，…，$x_{ij}(m)$，其中，$\alpha_{ij}\leqslant x_{ij}\leqslant\beta_{ij}$，$i=1, 2\cdots, n$；$j=1, 2\cdots, k_i$。根据协同理论可知：随着序参量的增大，子系统有序度趋势增加，假设当 $j=1, 2, \cdots, p$ 时，序参量 x_{ij} 对系统体现正功效；而随着序参量增大，子系统有序度趋势减少，假设当 $j=p+1, \cdots, k_i$ 时，序参量 x_{ij} 对系统体现负功效。另外，假定 X_{i1}，X_{i2}，…，X_{ip} ，$p\in[1, n]$ 为正向指标；$X_i(p+1)$，$X_i(p+2)$，…，$X_{in}(p+1)$ 为逆向指标，由此，子系统序参量 X_{ij} 的有序度为：

$$U_i(X_{ij})=\begin{cases}\dfrac{X_{ij}-a_{ij}}{\beta_{ij}-a_{ij}}, j\in[1, p] \text{正功效} \\ \dfrac{\beta_{ij}-x_{ij}}{\beta_{ij}-a_{ij}}, j\in[p+1, n] \text{负功效}\end{cases} \tag{7-1}$$

从式（7-1）可以得知，$U_i(X_{ij})\in[0, 1]$，且 $U_i(X_{ij})$ 越大，序参量对子系统有序度的贡献就越大，并且权重也会影响序参量对子系统的总体贡献。本书采用线性加权求和法，所以子系统有序度为：

$$U_i(X_i)=\sum_{j=1}^{n} w_j U_i(X_0) 0 \leqslant w_j \leqslant 1,且 \sum_{j=1}^{n} w_j=1 \tag{7-2}$$

从式（7-2）可以得知，$U_i(X_i)\in[0,1]$，且 $U_i(X_i)$ 值越大，子系统有序度就越大。式中 w_j 是权重系数，说明在子系统运行过程中各个序参量的重要程度，可用熵值法求得该测定指标的客观权重。

（二）复合协同度模型

假定高校纵向科研经费治理系统 3 个协同子系统在经费取得阶段 t_0 的有序度分别为 $U_1^0(X_1)$、$U_2^0(X_2)$、$U_3^0(X_3)$，在其动态演变过程中的经费使用阶段 t_1 和经费结算阶段 t_2 分别为 $U_1^1(X_1)$、$U_2^1(X_2)$、$U_3^1(X_3)$ 和 $U_1^2(X_1)$、$U_2^2(X_2)$、$U_3^2(X_3)$，则高校纵向科研经费管理系统复合协同度模型：

$$\rho=\theta\cdot\sqrt[n]{\left|\prod_{i=1}^{4}U_i^1(X_i)-U_i^0(X_i)\right|},\theta=\left\{\frac{\min\limits_i(U_i^1(X_i)-U_i^0(X_i))\neq 0}{\min\limits_i(U_i^1(X_i)-U_i^0(X_i))\neq 0}\right\} \tag{7-3}$$

式（7-3）中，n 表示子系统个数，$i\in\{1,2,3,\}$，从式（7-3）可以得知，若 3 个协同子系统有序度逐渐增加，则 $\theta=1$，说明系统在 $[t_0,t_1]$ 处于积极有序发展状况。否则，若有一个出现下降的状况，则 $\theta=-1$，会使系统复合协同度为负值。按照高校纵向科研经费管理三个阶数动态判定复合协同度，通过子系统有序度来分析两者复合过程的协同状况。当两个子系统在 t_1 时的有序度均大于二者在 t_0 时的有序度，$sig(\theta)$ 取值为 1，则 p 为正值，说明系统处于协同发展状况；反之则反。若两个子系统有序度的提高幅度是一高一低，这时虽然复合协同度为正值，但其值非常小，说明系统复合协同发展处于低水准，有较大的可提升空间。模型中 $U_i^1(X_i)-U_i^0(X_i)$ 为子系统 X_n 在此间内有序度的差值，说明子系统从无序到有序的协同过程。一般情况下，$U_i^1(X_i)-U_i^0(X_i)\in[-1,1]$，系统复合协同度 $p\in[-1,1]$，该值的高低和各个子系统有序度呈正相关，值越大说明复合协同度越高，协同效应发挥越高，协同发展状况与协同治理效果就越好。

（三）系统协同度形态

借鉴有关学者的设计[146][147]，咨询高校纵向科研经费管理专家，将高校纵向科研经费管理系统协同度划分成 5 个等级：不协同、低度协同、中度协同、高度协同、协同一致，具体含义见表 7-1。

高校纵向科研经费管理系统协同度等级及评价标准　　表 7-1

协同形态	协同度	评价标准
协同一致	0.9-1.0	治理效果完全达标
高度协同	0.6-0.9	治理系统进入良性运行阶段，各个要素协同性强，治理系统运行效果显著
中度协同	0.3-0.6	治理系统已按照规则良性运行，各个要素协同性开始增强，治理系统运行效果提高
低度协同	0.0-0.3	治理系统由初级向良性运行阶段过渡，资源开始协同，主体及过程、信息协同处于调整过程中，协同性比较低，初步显现协同效应
不协同	<0.0	治理系统运行处于初级阶段，协同性很低，协同效应不明显，提升空间很大

第二节　高校纵向科研经费治理的协同度评价

一、高校纵向科研经费治理系统协同度指标

本章所构建的高校纵向科研经费治理系统协同度的评价指标是依据第六章的评价指标体系内容。

二、熵值法客观赋权

熵值法作为一种客观赋权法，是根据各个指标的评价对象数据，计算指标所对应的数据间的差异性，从而确定其权重[148]。

设样本为某种属性 U_i 的研究值 x_{ij} 做样本 x_i 属于 k 个类别的测度：$(\mu_{i1}, \mu_{i2}, \cdots, \mu_{ijk})$，满足：$0 \leqslant \mu_{ijk} \leqslant 1$，即 $\{\mu_{ijk}\}$ 具有某种概率性质。熵：

$$H = -\frac{1}{\log k}\sum_{k=1}^{k}\mu_{ijk} \cdot \log\mu_{ijk} \tag{7-4}$$

式（7-4）中，当 $\mu_{ijk} = \frac{1}{k}$ 时，$H=1$ 最大，也就是说不肯定程度就越大，即测定指标 U_i 的研究值使得样本 x_i 处于各类的隶属度都一样，即测定指标 U_i 不起作用，U_i 对于区分样本 x_i 所属类别的贡献值为 0[149]。

若存在一个 $\mu_{ijk}=1$，则其余样本的隶属度等于 0，此时测定指标 U_i 使得样本 x_i 非常确定属于 C_k 类，这时 U_i 指标对于区分样本 x_i 的所属类别的贡献值最大。同样道理，$(\mu_{i1}, \mu_{i2}, \cdots, \mu_{ijk})$ 分量取值越集中，U_i 指标对于区分 x_i 的所属类别的贡献值越大；反之，分量取值越分散，U_i 指标对于区分 x_i 的所属类别的贡献值越小，令 $v_{ij} = 1 + \frac{1}{\log k}\sum_{k=1}^{k}\mu_{ijk} \cdot \log\mu_{ijk}$，

显然，$0 \leqslant \mu_{ijk} \leqslant 1$，令 $W_{ij} = v_{ij} / \sum_{j=1}^{m} v_{ij}$，

则 $0 \leqslant \mu_{ijk} \leqslant 1$，这样，$W_{ij}$ 越大，u_i 对识别样本就越重要，因此，向量 $W_i = (W_{i1}, W_{i2}, \cdots, W_{im})^T$ 作为 U 属性集的权重向量即熵权。

首先，确定二级测定指标的熵权向量：$W = (W_{i1}, W_{i2}, \cdots, W_{in})$

运用公式：$W_i = \sum_{j=1}^{n} v_{ij} / \sum_{j=1}^{m}\sum_{j=1}^{m} v_{ij}$

其次，确定一级测定指标的熵权向量：$W = (W_1, W_2, \cdots, W_n)$

依据每个测定指标值差异化程度，运用熵计算出每个测定指标的熵权。

最后，运用每个测定指标的熵权对所有的测定指标进行加权，便可得到客观评价结果。

（一）样本数据的无量纲化处理

熵权法是根据数据间的差异确定指标的权重，其评价的第一步是样本数据无量纲化处理，熵权法对样本数据无量纲化后的要求较高，它既需保留样本数据原有的差异性，又需符合熵权法计算条件。具体如下：设有 i 个对象，j 个测定指标。X_{ij} 是第 i 个对象第 j 个测定指标的指标值，Y_{ij} 是 X_{ij} 无量纲化后的值。本书采用非线性标准化能力进行分析：

$$Y_{ij}=\frac{X_{ij}-\overline{X_j}}{S_j} \tag{7-5}$$

式（7-5）中，S_j 是样本标准差，$S_{ij}=\sqrt{\frac{1}{n-1}+\sum_{i=1}^{n}(X_{ij}-\overline{X_j})^2}$。

（二）计算权重的具体步骤

1. 原始矩阵标准化

设现有 m 个待评子系统，n 个测定指标，形成原始指标数据矩阵 $X=\{x_{ij}\}_{m\times n}$（$0\leqslant i\leqslant m$，$0\leqslant j\leqslant n$），则 x_{ij} 为第 i 个待评方案第 j 个测定指标的原始值。将测定所有指标的原始矩阵按（7-1）式进行标准化，得到矩阵 $R=(r_{ij})m\times n$ 。

$$R=\begin{bmatrix} r_{11} & r_{12} & \cdots & r_{1m} \\ r_{21} & r_{22} & \cdots & r_{2m} \\ \cdots & \cdots & \cdots & \cdots \\ r_{n1} & r_{n2} & \cdots & r_{nm} \end{bmatrix}_{n\times m} \tag{7-6}$$

式（7-6）中，r_{ij} 是第 i 个测定指标第 j 个评价子系统的评价值。

（1）计算第 i 个测定指标第 j 个评价子系统的指标值的比重 P_{ij} ：

$$P_{ij}=\frac{r_{ij}}{\sum_{j=1}^{m}r_{ij}}(i=1,2,3,\cdots,n;j=1,2,3,\cdots,m) \tag{7-7}$$

（2）计算测定指标的差异性系数：

$$H_j=1-e_j \tag{7-8}$$

（3）计算第 i 个测定指标的熵值 e_i ：

$$e_i=\sum_{j=1}^{m}P_{ij}\ln P_{ij}(i=1,2,3,\cdots,n) \tag{7-9}$$

（4）计算第 i 个测定指标的熵权 u_i ：

$$u_i=\frac{1-e_i}{\sum_{i=1}^{n}(1-e_i)}(i=1,2,3,\cdots,n) \tag{7-10}$$

2. 计算测定指标的客观权重

（1）计算第 i 个测定指标第 j 个评价子系统的指标值的比重 P_{ij} ：

根据前文构建的 3 个子系统的相应测定指标的原始数据矩阵 $R=(r_{ij})m\times n$ ，按照式（7-7）计算第 i 个测定指标第 j 个评价子系统的指标值的比重 P_{ij}，构建归一化矩阵 $P=$

$(P_{ij})n \times m$

（2）计算子系统中第 j 个测定指标的熵值：

$$e_j = -k\sum_{i=1}^{m} P_{ij}\ln(P_{ij}),0 \leqslant e_j \leqslant 1\ (j=1,2,3,\cdots,m)$$

其中，$k=\dfrac{1}{\ln(m)}$，m 为样本数量。

（3）计算子系统中第 j 个测定指标的熵权：

$$W_j = \frac{d_j}{\sum_{j=1}^{n} d_j}\ 其中,0 \leqslant W_j \leqslant 1\ 且\sum_{j=1}^{n} W_j = 1 \tag{7-11}$$

最后，根据求得的各指标权重，计算得到加权矩阵 $Z=(Z_{ij})_{m\times n}$

$$Z_{ij} = W_{ij} \times Y_{ij}\ (i \in M, j \in N) \tag{7-12}$$

（4）确定最优解 S_j^+ 和最劣解 S_j^-：

$$S_j^+ = \max(z_{1j},z_{2j},\cdots,z_{mj}),S_j^- = \min(z_{1j},z_{2j},\cdots,z_{nj}) \tag{7-13}$$

（5）计算评价指数：

$$F_i^k = \sum w_j^k \times X_{ij}^k \tag{7-14}$$

利用式（7-11）中的熵值法计算出所有指标的权重 W_j 。

将下一行所有子系统指标的各个阶段标准化结果和熵值、熵权列入表 7-2。

各个阶段的子系统指标标准化及熵值和熵权　　　　**表 7-2**

指标	经费取得阶段（标准化）	经费使用阶段（标准化）	经费结算阶段（标准化）	熵值	熵权
科技政策支持	—	0.500	1.000	0.579	0.090
科技法律法规保障	—	1.000	1.000	0.631	0.079
科技制度执行情况	—	1.000	1.000	0.631	0.079
协同文化的建设情况	—	0.545	1.000	0.591	0.087
三大主体重视科研经费程度	—	0.500	1.000	0.579	0.090
科技资源的有效利用程度	—	1.000	0.250	0.456	0.116
各种科技资源共享的水平	—	1.000	0.667	0.613	0.083
实验室设备使用合理性	1.000	0.667	—	0.613	0.083
实现国家科技创新驱动发展	1.000	—	0.857	0.628	0.079
提高纵向科研经费使用效率	—	—	1.000	—	0.214
增加科技创新成果转化	0.250	1.000	—	0.456	0.099
领导为各主体良性互动创造条件的行为	—	0.444	1.000	0.562	0.079
三大主体自我管理机制和架构	—	1.000	1.000	0.631	0.067
三大主体对课题关键决策的影响	0.714	1.000	—	0.618	0.069
有整合高校内外资源服务于科研项目的经验	—	—	1.000	—	0.181

续表

指标	经费取得阶段（标准化）	经费使用阶段（标准化）	经费结算阶段（标准化）	熵值	熵权
获取高校管理部门群体的支持	1.000	—	1.000	0.631	0.067
对所有科研人员实施诚信教育	1.000	0.400	—	0.545	0.083
政府部门实施新的法律法规或经费管理政策	1.000	—	1.000	0.631	0.067
对科研经费管理政策执行情况的监督	0.200	1.000	—	0.410	0.107
科研经费相关制度是否健全	—	—	1.000	—	0.181
科研经费预算是否符合规定	—	0.500	1.000	0.579	0.117
预算编制是否严格审核审批	0.500	1.000	—	0.579	0.117
经费支出是否合法合规	1.000	1.000	—	0.631	0.102
预算调整和跟踪服务到位与否	—	0.667	1.000	0.613	0.107
项目是否按照预算计划实施	0.375	1.000	—	0.533	0.129
会计核算是否规范管理	1.000	—	1.000	0.631	0.102
项目是否按时结题结账	0.500	—	1.000	0.579	0.117
预算结余经费使用情况	—	1.000	0.727	0.620	0.106

三、系统协同度测定

（一）数据采集

基于第6章设定的评价指标体系内容，为确保问卷数据真实可靠，在线通过问卷星邀请科技部、财政部、教育部财务司、国自然、国社科、北京市科委、S高校科研经费管理部门人员、S高校纵向科研项目团队负责人进行评分，共发放“高校纵向科研经费治理系统协同度评价指标体系问卷（专家）”60份，回收59份，其中有效问卷57份。本书采用10分制进行量化，1＝最差值，10＝最好值（理想值），填写调查问卷，对S高校纵向科研项目全过程中科研经费的取得、使用、结算3个阶段的协同情况进行打分验证，对收集的调查问卷进行统计学处理，并以每个指标得分的平均值作为各个阶段指标协同的原始数据（表7-3～表7-5）。

主体协同子系统指标数据　　表7-3

三级指标-主体协同	标识	经费取得阶段	经费使用阶段	经费结算阶段	最大值	最小值
实现国家科技创新驱动发展	A_{01}	8.05	8.20	8.00	8.20	8.00
提高纵向科研经费使用效率	A_{02}	7.95	8.15	8.40	8.40	7.95
增加科技创新成果转化	A_{03}	7.85	7.90	7.90	7.90	7.85
领导为各主体良性互动创造条件的行为	A_{04}	7.80	7.90	7.55	7.90	7.55
三大主体自我管理机制和架构	A_{05}	8.05	8.05	8.30	8.30	8.05

续表

三级指标-主体协同	标识	经费取得阶段	经费使用阶段	经费结算阶段	最大值	最小值
三大主体对课题关键决策的影响	A_{06}	8.15	8.05	8.15	8.15	8.05
有整合高校内外资源服务于科研项目的经验	A_{07}	8.20	8.05	7.95	8.20	7.95
获取高校管理部门群体的支持	A_{08}	7.95	7.90	7.95	7.95	7.90
对所有科研人员实施诚信教育	A_{09}	7.70	8.10	7.60	8.10	7.60
政府部门实施新的法律法规或经费管理政策	A_{10}	7.85	7.85	7.95	7.95	7.85
对科研经费管理政策执行情况的监督	A_{11}	8.15	7.80	8.10	8.15	7.80

过程协同子系统指标数据 **表 7-4**

三级指标-过程协同	标识	经费取得阶段	经费使用阶段	经费结算阶段	最大值	最小值
科研经费相关制度是否健全	B_{01}	8.25	8.35	8.45	8.45	8.25
科研经费预算是否符合规定	B_{02}	8.15	8.25	8.05	8.25	8.05
预算编制是否严格审核审批	B_{03}	8.30	8.30	7.95	8.30	7.95
经费支出是否合法合规	B_{04}	8.05	8.15	8.20	8.20	8.05
预算调整和跟踪服务到位与否	B_{05}	7.90	8.15	7.75	8.15	7.75
项目是否按照预算计划实施	B_{06}	7.95	7.75	7.95	7.95	7.75
会计核算是否规范管理	B_{07}	7.85	7.70	8.00	8.00	7.70
项目是否按时结题结账	B_{08}	7.55	8.10	7.95	8.10	7.55
预算结余经费使用情况	B_{09}	8.05	7.75	8.00	8.05	7.75

资源协同子系统指标数据 **表 7-5**

三级指标-资源协同	标识	经费取得阶段	经费使用阶段	经费结算阶段	最大值	最小值
科技政策支持	C_{01}	7.85	8.05	8.25	8.25	7.85
科技法律法规保障	C_{02}	8.00	8.15	8.15	8.15	8.00
科技制度执行情况	C_{03}	8.00	8.20	8.20	8.20	8.00
协同文化的建设情况	C_{04}	7.85	8.15	8.40	8.40	7.85
三大主体重视科研经费状况	C_{05}	8.00	8.05	8.10	8.10	8.00
科技资源的有效利用程度	C_{06}	7.95	8.35	8.05	8.35	7.95
各种科技资源共享的水平	C_{07}	8.00	8.30	8.20	8.30	8.00
实验室设备使用合理性	C_{08}	8.00	7.95	7.85	8.00	7.85

（二）子系统有序度

依据每个指标的权重，利用式（7-1）和式（7-2），计算出在经费取得阶段、使用阶段、结算阶段以及取得—使用阶段、使用—结算阶段的资源协同、主体协同、过程协同子系统的有序度（表 7-6）。

高校纵向科研经费治理系统子系统有序度　　表 7-6

阶段	资源协同	主体协同	过程协同
经费取得阶段	0.162	0.249	0.473
经费使用阶段	0.555	0.328	0.584
经费结算阶段	0.791	0.514	0.606
经费取得—使用阶段	0.387	0.079	0.111
经费使用—结算阶段	0.241	0.186	0.022

（三）复合协同度

由式（7-3）和式（7-4）计算高校纵向科研经费治理系统复合协同度（表 7-7）。

高校纵向科研经费治理系统复合协同度　　表 7-7

协同度	经费取得阶段	经费使用阶段	经费结算阶段	使用—取得阶段	结算—使用阶段
复合协同度	0.2716	0.4521	0.6487	0.1805	0.1966
协同度评价	低度协同	中度协同	高度协同	低度协同	低度协同

四、评价结果的分析

（一）复合协同度

通过协同度测定结果可以看出 S 高校科研经费治理系统协同度在经费使用阶段数值为正，说明其协同程度相对于经费取得阶段有所增加。但通过与高校纵向科研经费协同治理系统协同度等级及评价标准对比分析，发现其在经费取得阶段处于低度协同形态，经费使用阶段仍处于中度协同形态，经费结算阶段则是高度协同形态，这表明 S 高校科研经费协同治理的整体协同情况尚可，伴随着纵向科研项目进展过程呈现出逐阶段效果提升状态，但仍未达到最理想状态，尚有一定的提升空间。

（二）子系统有序度

在纵向科研项目经费结算阶段节点显示，资源协同、主体协同、过程协同子系统协同度相对较高，尤其是资源协同子系统，说明在高校纵向科研项目实施完成时，主体—过程—资源协同情况较好，可继续保持或制定相应措施来提高或改善。但在经费取得阶段，除了过程协同属于该阶段协同度中等的子系统，其余子系统属于该阶段协同度较低的子系统，说明高校纵向科研项目经费取得阶段这 3 个方面的协同情况相对差一些，提示在今后高校纵向科研经费管理过程中需要下大力气提升各子系统的协同，尤其是在预算协同方面努力，要着重针对主体—过程—资源协同的全面性，重点挖掘薄弱环节，及时做出调整，不断总结经验，更好地提升高校纵向科研经费协同治理效果。

第八章　高校纵向科研经费协同治理的实现方式

根据本书第3章～第7章所得出的结论，高校纵向科研经费协同治理是在经费取得—使用—结算三阶段中连续达成主体—过程—资源协同运作的方式，在各种协同环境下主体—过程—资源协同为正向演化秩序，对高校纵向科研经费协同治理效果评价及系统协同度评价是对主体—过程—资源协同方式实施动静态评价的过程，并由此发现在经费取得—使用—结算三阶段中主体—过程—资源协同的差异和短板及可能纠正的问题。因此，以上结论提示，在改进高校纵向科研经费协同治理方式时，应以激发纵向科研项目团队的创新性和创造力为出发点，以正向协同为导向和秩序，探索高校纵向科研经费协同治理的实现方式，牢牢把握住主体—过程—资源协同这3个维度，探讨如何从主体协同、过程协同、资源协同以及全面协同来最大限度地实现高校纵向科研经费协同治理方式，达到高校纵向科研经费使用效率及效益最大化和纵向科研项目成果最优化，以快速促进科技创新成果转化落地。下面将从四个方面来阐述。

第一节　主体协同的实现方式

通过案例验证S高校的纵向科研经费协同治理效果，发现与过程协同和资源协同的评价相比，主体协同的评价最差，其中，虽然思想协同在主体协同的3个二级指标中表现最好，但是能力协同和职责协同均排在后位；通过案例验证S高校的纵向科研经费系统协同度水平，发现在经费取得—使用—结算3个阶段，主体协同水平呈现由低向高的动态趋势，但与过程协同和资源协同水平相比，主体协同水平的评价仍是相对较差，说明无论动态还是静态评价高校纵向科研经费协同治理效果，主体协同都存在着较大的提升空间，尤其需要下大力气重点挖掘其协同方式。建议通过以下措施来提升主体协同的水平：

一、设定主体协同科学目标

以文件、指南的形式对三大主体积极参与的协同治理责任及目标进行确定，以保障高校纵向科研项目团队对纵向科研经费治理的参与权；三大主体应统一设定协同治理目标，各级政府科技管理部门作为主导主体，去引领高校的监管主体和执行主体透彻理解目标实质，决不能因自身发展目标或因科研经费相关利益的博弈和管理业绩的需求而导致主导主体变更，割裂主体协同体系，只有这样才有利于规范三大主体的经济和社会行为，实现协同治理关口的前移。

二、强化主体平等信任合作

在高校纵向科研经费治理中协同行动的共同目标越明确，三大主体间平等信任合作就会越好，而且对治理中主体协同效应影响就越明显。无论高校纵向科研经费协同治理环境如何，三大主体之间都会存在着相互依赖及信任。因此，三大主体间建立的信任是基于构建良好的信息沟通渠道和彼此间互相学习交流、监督反馈的协同氛围。同时，在完善三大主体协同行动的保障机制下，促使三大主体内部多个群体间的信任，以此推动主体协同模式的顺利完成。

三、加强主体思想意识教育

把高校纵向科研经费管理的思想意识和信用教育放在第一位。强化科研人员守信警示教育，构建高校纵向科研项目团队“信任—自律—追责”的治理方式。促使执行主体深刻理解高校纵向科研经费的正确使用方法，遵守高校的学术章程、科研制度及细则，严格按照规章制度和治理流程办事。高校科研经费管理部门既要履行好自身的治理职责，也要不断提高协同治理能力和主动服务意识；要充分发挥科研人员民主参与意识，发挥高校内部治理的监督作用，压实治理主体责任。

四、明晰协同治理主体责权

提升高校纵向科研经费使用效率和效益，就需要对三大主体从管理体制上加强约束，细化主体责任，协调主体间出现的理念和利益冲突。目前，高校纵向科研经费管理体制分散，相关管理部门较多，常常因缺少必要的衔接和沟通而出现管理缝隙；高校纵向科研经费治理环节应紧密相连，在赋予纵向科研项目团队对经费使用自主支配权的基础上，要明晰纵向科研项目团队负责人对科研经费的权属关系，严格规范责权利，加强自我管理，增强法律意识。

五、执行主体联动规章制度

三大主体既要全面贯彻执行现行的科技规章制度，又要修正或废弃既往不合时宜的科技规章制度，及时制定符合政府“放管服”科技改革政策要求的条例和章程。在修订时，为了避免因制度相异出现执行打架，应注意前后制度的承接，要与国家规定的科技与财务政策完全符合。高校两大主体重在执行，既要有利于纵向科研项目团队理解和执行，又要有利于高校财务管理部门具体操作，尤其是高校科研会计助理要依法执行规章制度，将主体协同方式全覆盖。

六、规范建立治理评价体系

高校纵向科研经费协同治理评价体系的构建对纵向科研经费预算执行、决算考评、成果专利转化等科研活动至关重要。在“放管服”科技改革政策指导下，三大主体要转变治理思维，形成以“结果为导向”的激励机制，不断提升高校纵向科研经费协同治理水平。按照国家和高校科技发展的整体布局，将其协同治理目标量化，客观评价高校纵向科研经费协同治理能力，科学测算各个治理环节的协同治理效果，并完善其治理体系和治理机制。

七、主体协同的实现方式

按照国家现行科技管理政策、资金、体制和纵向科研项目类别，从责、权、利三方面衡量不同主体的博弈特点，将提升高校纵向科研经费协同治理的主体协同方式分为宏观、中观、微观 3 个层次（图 8-1）。

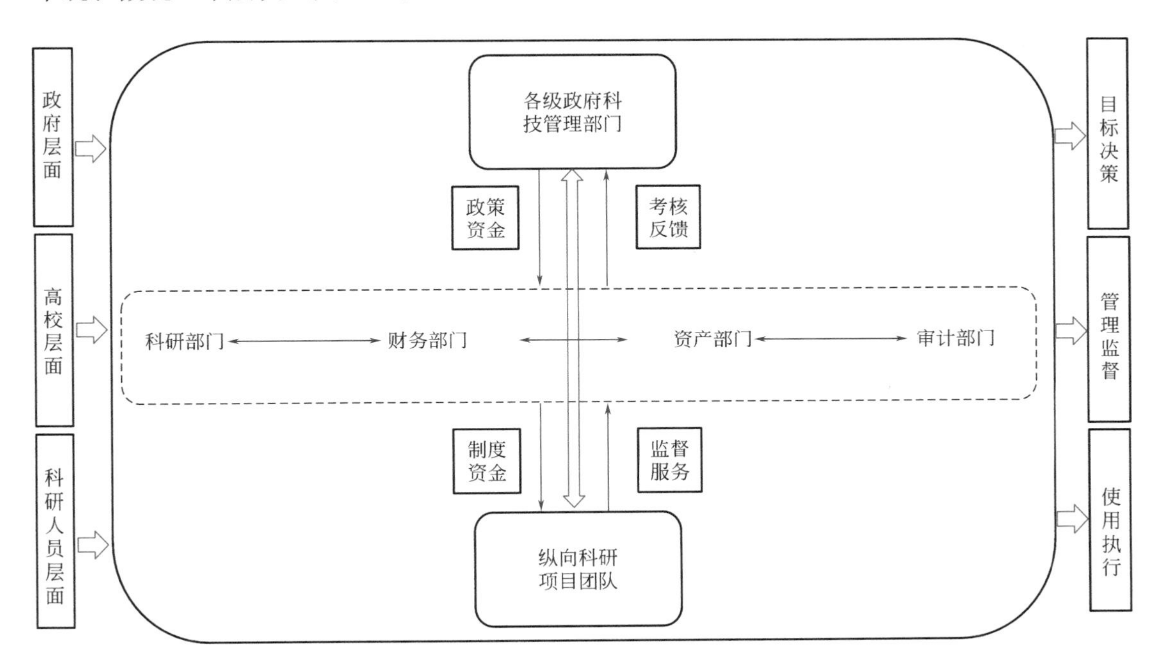

图 8-1　主体协同的实现方式

（一）宏观层次

“政府主导、社会协同”是契合目前我国公共事业项目的协同治理方式。宏观层级的主体协同是指三大主体处于垂直串联状态，各级政府科技管理部门是主导主体，引导高校纵向科研经费管理部门和纵向科研项目团队参与其治理，共同提高协同治理效果的方式。这种以政策资金为依托的“垂直串联型”纵向协同治理效果体现出整合效果，基于国家法律法规和科技政策，主导主体将政府规定的科技政策和国拨资金应用到高校纵向科研项目管理中，按纵向科研项目预算拨款，指导高校科研管理部门按规定对纵向科研项目团队进行管理与监督，而纵向科研项目团队群体则严格按照国家和高校制定的相关法律法规及政策制度，合法合规地使用纵向科研经费，具体实施纵向科研项目活动。这种主体协同的实现方式有着很强的外部效应，不仅会影响和其他行为主体之间的治理关系，还会对高校纵向科研经费治理本身的机制建构产生示范或限制性影响，是国家科技战略和政策协调的基础。

（二）中观层次

在高校内部，纵向科研项目团队群体之间通过竞争获得不同的纵向科研项目，可以实现高校科技资源整合配置及彼此之间的平衡；在高校外部，通过与政府、社会、市场博弈形成高校赖以生存的科技制度环境和市场环境。各个高校都是追求“产学研”一体的有限理性行为主体，彼此之间持续互动的长久动力来源于对科技效益的不断追求。因此，在高校内部，只有建立在科技效益基础上的科研协作才具有可持续性。科技效益驱动不仅可以促成科研利益协同机制，还有助于提升高校内部的纵向科研项目团队之间合作互动的积极性。项目合同制是以职能管理为依托的制度建构规则和手段，构成了高校纵向科研经费治理的核心内容。相较于宏观层次，这种制度效率更高、效果更佳。它体现在高校科研相关的管理部门之间，其相互牵制和依赖程度并无主次之分，处于并行、平等状态来共同完成。这种并行协同治理效果能够引发一定限度内的汇聚效果，即“吊塔并联型”范式，其最重要特征表现为在执行科技政策时是纵向协同关系，而在高校监管主体同级间是横向协同关系。对宏观层次的主体协同方式来说，可视为外部协同。伴随着高校与外部要素的适应和互动，使得其与外部各个要素融合为一体，形成相互影响、相互促进的主体协同方式。

（三）微观层次

微观层次体现在使用高校纵向科研经费的纵向科研项目团队内部及其与高校科研经费管理部门间的协同。它是以纵向科研项目管理为依托的主体协同的实现方式，即为轴辐式的内部协同，是高校纵向科研经费管理内部各个要素之间相互作用、有效分工以达到和谐互动的适应过程。它着眼于解决高校纵向科研经费治理内部的子系统与整体系统之间的协同问题，以及解决每个纵向科研项目团队内部的协同问题。但是，这种以纵向科研项目为依托的协同治理实现方式有着明显的局限性，需要进一步改善。

高校纵向科研经费治理中主体协同的实现方式的选择，并非基于各种方式的单一选择或仅考虑到各种方式的优缺点，而是基于对高校纵向科研项目类别、经费多少、承担课题对象、职能服务手段、研发内容及时机等综合因素的考量。在实际操作时采用何种方式，必须依据高校纵向科研经费管理中，根据纵向科研项目的研究内容和管理要求来确定或根据其具体情况不断地调整其主体协同方式。

第二节　过程协同的实现方式

通过案例验证S高校的纵向科研经费协同治理效果，发现与主体协同和资源协同相比，过程协同的评价最优，其中核算＞结算＞预算协同水平。通过案例验证S高校的纵向科研经费系统协同度水平，发现在经费取得—使用—结算3个阶段，过程协同水平呈现由低向高的动态趋势，但与资源协同和主体协同相比，仍处于中间水平状态，说明若想提升高校纵向科研经费协同治理的动静态效果，同样需要重点挖掘过程协同的方式，尤其是经费取得的预算阶段。建议通过以下方式提升过程协同的水平：

一、经费取得阶段的预算协同

国自然新办法规定包干制项目无须编制预算，预算制项目的直接费用中除50万元以上的设备费外，其他费用不需要提供明细，这样的管理改革方式更加尊重科研规律，从源头突破性地解决现有的管理矛盾，是我国科技治理的一大进步。在此阶段，高校科研经费管理部门和纵向科研项目团队要密切协同作战，积极参与科研方向和课题确定、申报、预算等工作，通过组织讨论会、专题报告会、经验交流会等多种形式，加强科研诚信相关文件、违规违纪典型案例等宣传培训与警示教育，规范科研行为准则，以实现过程协同。

二、经费使用阶段的核算协同

以尊重科研活动规律为原则的支出管理模式是打通“放”与“管”之间“最后一公里”的矛盾解决办法，为无预算说明或简单预算下的科研经费规范支出进行了保驾护航。在此阶段的治理中，过程协同的实现应在签订经费包干制使用承诺书、内部公开项目资金使用信息、完善“公务卡”支付结算、建立经费支出负面清单等环节上下足功夫，践行“最多跑一次”科技服务改革，全面梳理“三张清单一张网”，以建立高校科技业财融合服务窗口为模式，实行一站式受理和全链条式服务。

三、经费结算阶段的结算协同

各级政府科技管理部门应逐步构建起对依托主体信誉的评价体系，完善纵向科研项目绩效评价体系及其原创科技成果转化应用情况登记，尽早建立符合国家科学投入的各类别项目定位、以目标为导向的分类绩效评价体系以及建立绩效评价结果与后续项目支持、间接费用核定等挂钩的协同机制。而高校的纵向科研项目团队完成研究结题后，应重点关注审核其实际成果与预期成果是否相符，重点审查纵向科研经费实际支出是否全部符合国家相关规定，已登记造册的固定资产是否作为高校科技公共资源调配再使用，重大科研项目必须由拨款的政府科技管理部门来组织成果鉴定验收并进行经济审查。

四、过程协同的实现方式

高校应通过严格、公开、全面的方式对纵向科研项目进行结项考核，并依据评价做出合理奖惩。建议将预算、核算、结算等过程控制权力制衡主体嵌入高校科研、人事、资产、审计与财务中，向“事后审查”范式过渡。真正落实“为科研人员服务”的宗旨，建立起主动感知、动态监控、适时调整的灵活的“过程协同”实现方式，逐步建立“预算编制有指导、经费使用强服务、支出决算重监督”的高校纵向科研经费协同治理态势（图 8-2）。这既是最大限度地减轻纵向科研项目团队在过程管理中的繁重负担，又能够实现高校纵向科研项目及经费管理的留痕。

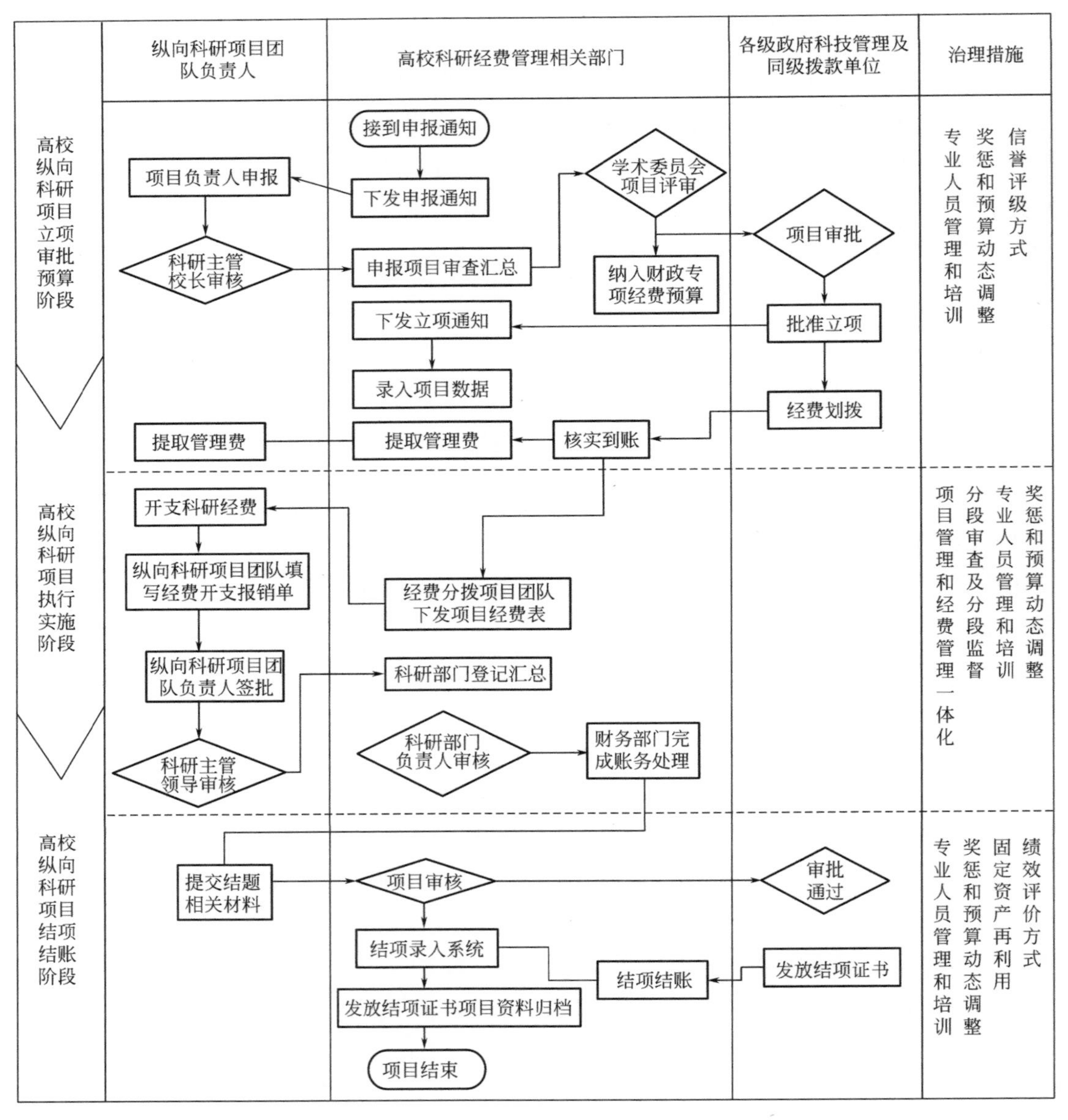

图 8-2　过程协同的实现方式

第三节 资源协同的实现方式

通过案例验证S高校的纵向科研经费协同治理效果，发现与主体协同和过程协同评价相比，资源协同评价相对居中，在资源协同评价中资源配置协同较好，资源整合协同得分较低。通过案例验证S高校的纵向科研经费系统协同度水平，发现在经费取得—使用—结算3个阶段，资源协同水平呈现由低向高的动态趋势，但与主体协同和过程协同水平相比，资源协同水平的评价仍是相对最佳，说明提升高校纵向科研经费协同治理的动静态效果，特别需要关注高校的自身资源利用和共享，不断提升空间挖掘资源协同的配置和整合方式。建议通过以下方式提升资源协同的水平：

一、健全高校科技内外环境

尽管国务院及各部委发布了一系列加强科研经费管理改革的文件，但实际上，稳定、支持、可预期的政治、文化、政策、法律、经济、技术等内外科技环境是确保实施高校纵向科研经费协同治理的根源。以“一切为科研”的高校内部科研服务环境为主导，致力于将高校纵向科研经费治理与“协同文化”建设相融合；同时，各高校应尽最大的行政力量为各个纵向科研项目团队提供最适宜的场地、设备、技术、资金、信息、文化、后勤服务等科技资源，健全高校科技创新的学术治理环境。

二、贯彻落实科研管理制度

以国家层面的科技、财政、教育政策为目标导向，规范高校科研管理相关部门的工作流程，使纵向科研经费得到最优化配置；实施纵向科研经费“包干制”，充分运用纵向科研项目负责人承诺制与项目决算公示等负担较小的经费监督手段，尊重不同学科特点并充分信任纵向科研项目团队负责人群体，针对在研项目适用的优厚政策，及时将各项补充性的调整措施落实到位，为科研人员群体用好经费给予充分指导，给予他们一定的自主权，将改革红利第一时间传递给他们，释放其科技创新活力，充分体现国家对科研规律的尊重。

三、强化组织与规章建设

以法律法规为指导，厘定政策制度边界，分阶段、有顺序地完善高校纵向科研经费改革政策的执行体系，强化组织建设和实施考核。遵循高校纵向科研经费来源差异化的原则，规范细化区别管理，使科研组织与规章建设真正落到实处。成立高校纵向科研经费管理领导小组，在财务处下设办公室，行使对高校承担的纵向科研经费全过程监督，形成多方协同的内部治理结构；同时，建立高校、二级单位、纵向科研项目团队负责人联动的分级管理机制和纵横交错的协同治理手段。

四、健全科研经费治理体制

强力落实高校纵向科研经费的依托主体责任，对高校纵向科研经费支出审核和预决算管理高度重视，对纵向科研项目的财务助理加强法规培训，使其做到既相对独立又配合高校财务部门工作，培养全面复合型财务人才。建议高校成立纵向科研经费管理柔性专家委员会，对高校不同来源的纵向科研经费出现的问题开展分析；对高校纵向科研经费使用效率及高校科技创新成果进行评价，筛选推荐纵向科研经费使用低耗高效的延伸技术创新项目；针对重大科研项目提供具有创新模式的支撑服务，建立个性化保障体制。

五、协同监督问责约束机制

坚持完善监督约束机制，及时发现并纠正任何主体的“离心”情况，根据纵向科研项目的合作协议，不定期地监督科研计划进展情况，不容许在事后追责时相互推诿；同时，强化三大主体责任意识，对项目团队失信和违规实施责任追究。与纵向科研经费相关的任何费用都要坚持使用公务卡，对经费转拨、劳务费发放中是否存在关联业务提供承诺书、将科研项目的大额支出明细及项目决算公示在高校内部网，定期抽查科研项目报销凭证，妥善运用信用制度，定期开展案例教育，搭建高校纵向科研经费全过程持续监管系统。

六、整合协同资源，促进服务

落实高校科研经费管理部门的服务水平，将主动服务意识贯穿于高校科研工作的始终，协同科研人员及时发现、纠正并预防在纵向科研项目实施中出现的漏洞。利用高校手机 APP 平台推送纵向科研经费财务操作指南，减少原始凭证退单频率，使科研人员从报表、报销中解脱出来。实现“网上在线预约报销”，提供实时在线信息查询，使用手机电子签名，简化报销审批签字流程，从高校财务治理的源头提高协同服务执行力，实现高校人、财、物、权、时、技等科技资源的有效整合。

七、资源协同的实现方式

资源协同的实现，不仅需要高校内外资源的配置，更重要的是充分利用高校内在资源形成合力，使内外资源高度整合，发挥更大的社会及经济效益。提升资源协同的着重点在于利用三大主体的互补性、相关性和流动性，这是因为三大主体对资源的需求层次不同，刚好能够消化系统的各种资源。在纵向科研项目实施过程中，三大主体充分利用自己的优势资源，并将劣势资源交由协同主体完成；将相关的某些资源达到相互替代的效果，从而使各子系统更加紧密地联系；针对某些闲置的资源要充分利用，避免资源的无形损失。实现资源协同的方式在于通过三大主体加强外部资源监管，所参与的纵向科研项目应协调外部资源与内部资源的关联，以充分利用外部资源实现该纵向科研项目目标。在各个纵向科研项目启动前，项目负责人应统筹规划，根据既往参与项目团队的经验针对高校科技公共资源可能发生的冲突进行制度规定，以便在纵向科研项目实施过程中按照团队局部利益服从高校整体科技利益来进行资源协同（图 8-3）。

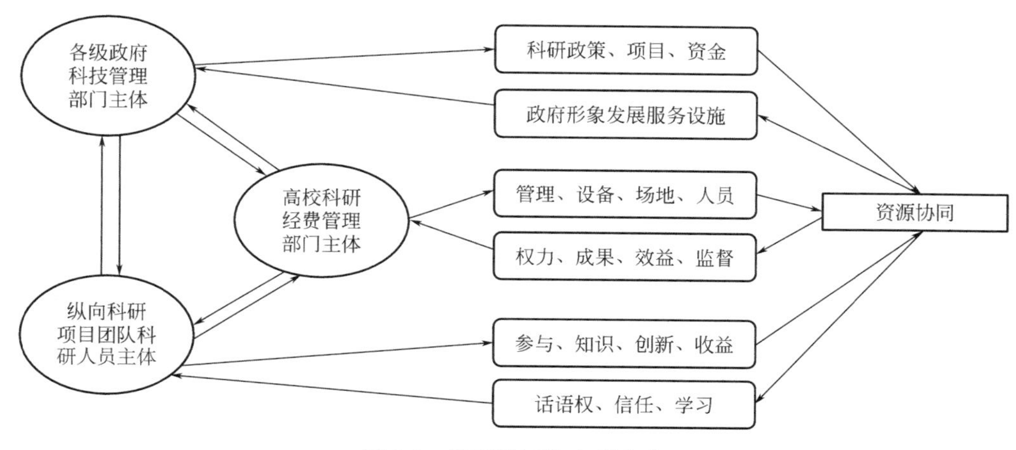

图 8-3　资源协同的实现方式

第四节　全面协同的实现方式

通过案例验证 S 高校的纵向科研经费协同治理效果，发现过程协同＞资源协同＞主体协同，其中核算协同＞结算协同＞思想协同＞配置协同＞预算协同＞能力协同＞整合协同＞职责协同。通过案例验证 S 高校的纵向科研经费系统协同度水平，发现复合协同度在经费取得、使用、结算 3 个阶段处于低度→中度→高度协同的正向发展状态，而子系统有序度在 3 个阶段呈现资源协同＞过程协同＞主体协同的正向差距，表明提高高校纵向科研经费治理效果的重要手段是基于三维协同的全面化、系统化。三大主体在高校纵向科研经费运行的 3 个阶段均要保证将协同治理理念融入纵向科研经费管理工作的环节，通过不断加强学习并总结高校科技方面的业财知识，增强自身协同治理能力，掌握更多更有效的协同治理手段，才能实现主体—过程—资源三维协同治理水平的全面提升。结合我国高校科技与财务治理融合方式，本书探索性地提出了具有科学性、适用性和合理性的高校纵向科研经费协同治理实现方式，将其框架归纳为“一体系—二环境—二资源—三主体—三过程”。其中，“一体系”是指本书构建的高校纵向科研经费协同治理体系；“二环境”是指高校科技协同治理的内外环境；“二资源”是指高校纵向科研经费协同治理中内外资源的配置协同和整合协同；“三主体”是指高校纵向科研经费治理主体——各级政府科技管理部门及同级拨款单位、高校科研经费管理部门、纵向科研项目团队在思想、职责、能力 3 个层面的协同；“三过程”是指在高校纵向科研经费取得—使用—结算 3 阶段预算、核算、结算 3 环节的协同。在实践全面化协同治理时，尤其要考虑在共同的协同环境和明确的协同动因下的“主体—过程—资源”协同共治共享机制（图 8-4）。

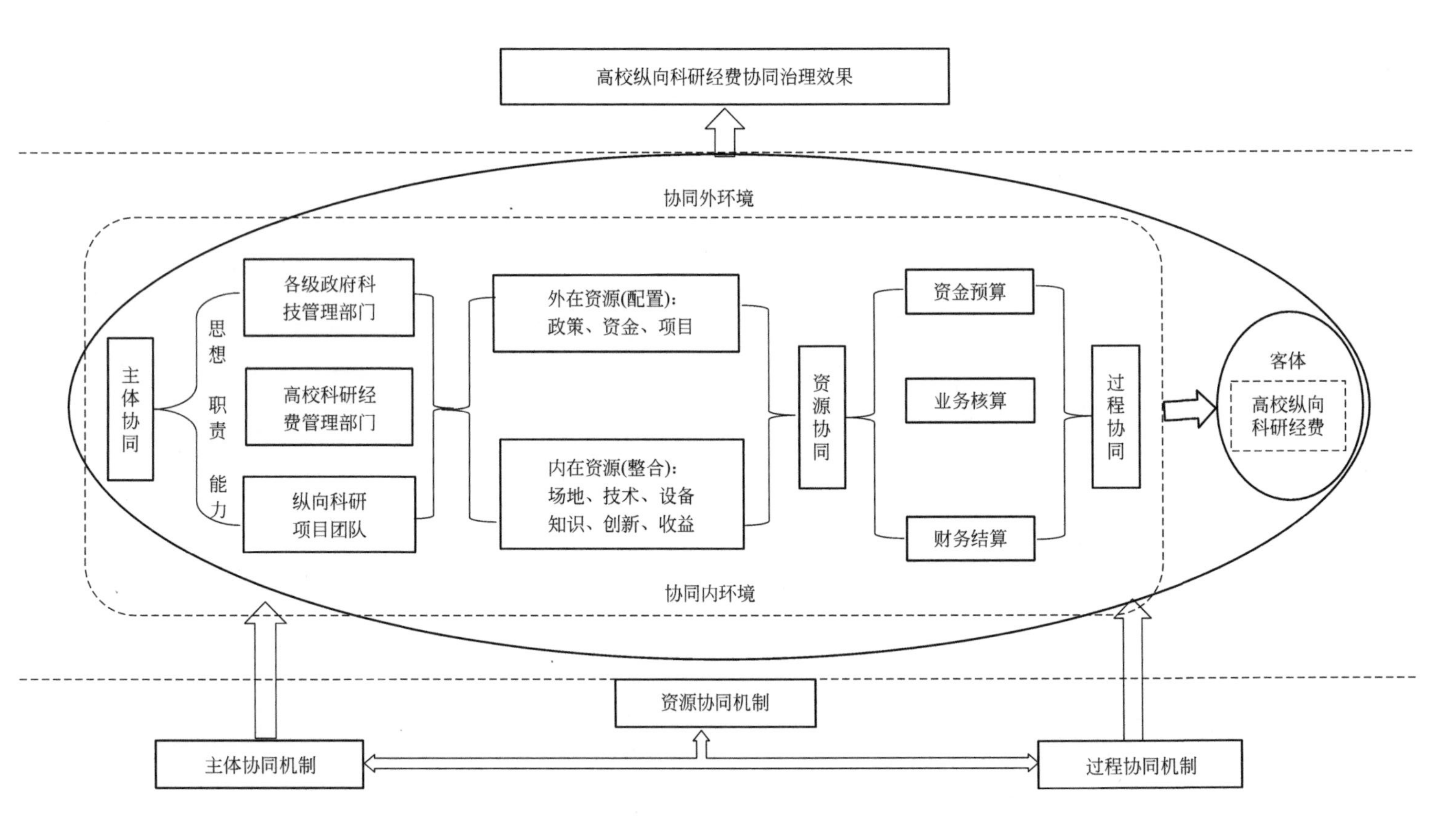

图 8-4 主体—过程—资源三维协同的实现方式思想职责能力

第九章　研究结论与展望

第一节　研究结论

本书以高校纵向科研项目及经费全流程管理要求和激发纵向科研项目团队原始创新和创造力为现实出发点，将高校纵向科研经费协同治理作为本书所要解决的核心课题，完成了高校纵向科研经费协同治理体系、模型及机制的构建，并对S高校进行协同治理效果和系统协同度的评价验证，具体包含以下研究内容：一是梳理了我国高校纵向科研经费管理内涵、发展历程、相关法律法规及政策、协同治理内容及三大主体结构；二是构建了高校纵向科研经费治理中主体—过程—资源协同三维体系；三是构建了高校纵向科研经费协同治理模型；四是阐述了高校纵向科研经费协同治理机制；五是构建了高校纵向科研经费协同治理效果评价体系并进行动态和静态验证；六是探索性提出了从主体—过程—资源3个维度及全面实现协同治理方式的建议。

主要研究结论如下：

第一，本书系统梳理了自改革开放以来，高校科研经费管理经历了从起始建立发展到逐步健全稳定，再到飞跃发展，直至目前“放管服”政策改革4个阶段：一是1986～1995年为起始阶段；二是1996～2006年为健全稳定阶段；三是2006～2016年为飞跃发展阶段；四是2016年至今为“放管服”政策改革阶段。通过对高校纵向科研经费管理和协同治理研究的国内外文献综述，实证分析其管理现状和使用效率，在高校纵向科研经费管理中引入协同治理理论，阐述了其必要性，明确了高校纵向科研经费协同治理的内涵特征及主体结构。

第二，本书以高校纵向科研经费作为研究对象，系统地分析了我国高校纵向科研经费管理中三大主体的角色、职责、作用及共识。筛选出了高校纵向科研经费协同治理的关键协同要素，通过主因子分析发现主体—过程—资源协同维度构成了协同治理维度，从主体—过程—资源协同形成的三维机制分析了它们之间相互依存、相互促进的关系和作用；解析了高校纵向科研经费治理主体—过程—资源协同的现实困境；探索性地运用霍尔三维结构构建了一个既能充分反映管理改革政策要求，又能完全适合管理实践需求的高校纵向科研经费协同治理体系。

第三，参照既往国内外学者的协同治理研究成果，构建高校纵向科研经费协同治理模型，选择协同环境、协同动因、协同主体、协同资源、协同过程、协同治理效果6个变量进行模型假设，分析自变量与中间变量和因变量的关联和作用路径，采用AMOS软件建立结构方程式进行假设验证，试图厘清高校纵向科研经费协同治理的各变量与协同治理效果的关系，得出其直接或间接影响协同治理的效果及作用路径。发现了三大主体的协同动因有差异性，这一发现提示了对高校纵向科研经费协同治理的必要性，有利于高校科研人员在高校科技创新中充分发挥主观能动性，产出更多可转化的科技成果。

第四，根据我国高校纵向科研经费管理中主体—过程—资源协同治理的困境，结合中国特色的具体情况，从三大主体协同参与的角度，以协同治理理论为基础，阐述了高校纵向科研经费协同治理机制；在各种保障机制的护航下，由内外在动力机制推动的主体合作、激励培养、评价监督等运行机制完成其协同治理过程，以提升协同治理倍增效应，促进高校科研效率，产生更多的科技成果，从而丰富高校纵向科研经费协同治理体系的理论拓展研究。

第五，根据所构建的高校纵向科研经费协同治理体系内容及模型运作方式构建了高校纵向科研经费协同治理效果评价指标体系，并以S高校为案例验证，采用模糊层次法进行协同治理效果评价，发现其效果排序为过程协同＞资源协同＞主体协同，其中预算协同、资源整合协同、职责协同排在后3位，找出了主体—过程—资源协同差距的原因。采用系统协同度进行动态评价，运用熵值法客观赋权后，测定了高校纵向科研经费子系统有序度和复合协同度，发现复合协同度在经费取得、使用、结算3阶段呈现出低度→中度→高度协同状态，但相邻各阶段之间的复合协同度仍然很低；而主体—过程—资源子系统有序度在3阶段逐渐上升，呈正向水平，呈现出资源＞过程＞主体协同，揭示了高校纵向科研经费治理系统动态、正向、复杂的协同规律，证实了本书构建的体系和模型的科学性和适用性。

第六，本书系统地提出了通过科学设定主体协同目标、强化主体平等信任合作、加强主体思想意识教育并明确责权、联动执行规章制度和建立评价体系等措施构建主体协同实现方式的建议；通过经费取得、使用、结算阶段的过程协同等措施构建过程协同实现方式的建议；通过健全高校科技内外环境、贯彻实施科研管理制度、落实问责约束机制及整合协同资源等措施构建资源协同实现方式的建议；从主体—过程—资源协同的三维度促进全面协同实现方式的建议，以实现高校科技业财融合的战略目标，达到国家财政拨款的科研经费效益最大化和科研项目成果最优化的协同治理目标。

第七，高校纵向科研经费协同治理的实现是推进我国高校治理体系和治理能力现代化的重要方式之一，创新高校纵向科研经费协同治理的关键是三大主体协同，必须立足于“以科技人员为中心”的服务取向，关注科技人员高质量产出科技成果的落地问题。因此，一方面需要从各级政府科技管理部门及同级拨款单位出发，考虑如何根据国家科技战略发展目标制定科研方向和投入资金；另一方面需要从高校科研经费管理部门出发，考虑如何根据政府制定的与之相关的法律法规及政策文件，合法合规地使用科研经费，提高其使用效率和效益，利用信息平台为广大科研人员提供更便捷服务，实现高校纵向科研经费协同治理能力现代化。

第二节　不足之处与研究展望

本书虽然借鉴国内外较为成熟的公共管理协同治理模型建构了高校纵向科研经费协同治理模型，尝试对高校纵向科研经费协同治理实践中所共有的内在因素进行综合描述，又从主体—过程—资源协同三个维度切入，初步构建了高校纵向科研经费协同治理体系、模型、机制和评价指标体系，并以S高校为案例验证了高校纵向科研经费协同治理效果和系统协同度评价水平，据此提出了一些建议，但在一定程度上仍存在理论和实践均显薄弱的问题。伴随着国家治理能力现代化及高质量发展的科技战略趋势，国家对于纵向科研经费管理将会不断颁布更新、更完善的政策和制度，相关建议的时效性也会随之变化更新并发展。因此，随着我国科技创新发展前行加速，高校科学研究的地位不断突显，高校纵向科研经费的高效低耗使用效益就会受到管理学界专家们的广泛重视，针对高校科技与财务融合的协同治理研究必将会更加深入。因而，高校纵向科研经费协同治理研究看似微观，实际上是一个涉及面极广、复杂而多层次的研究视域，存在着较大的研究遐想空间。具体如下：

第一，高校科研经费主要来源是纵向科研经费，但还包括横向科研经费及自筹科研经费等，不同专业类别、行政区域类别的公、私立高校科研经费治理路径可能有些许差别。在未来研究中，可细分经费来源类型进行分析。

第二，高校科研经费治理主体关联众多，其主体复杂多变。本书仅选择了目前符合高校纵向科研经费管理中政府—高校—科研人员群体的三重三级委托代理关系进行研究，而未将社会纳税人—公众作为参与主体纳入研究范围，在未来研究中可进一步细化多元主体。

第三，协同治理模型和体系的建立与一个国家的意识形态、政治体制、经济结构、高校类型和国际环境都具有高度的相关性。本书仅围绕我国高校纵向科研经费协同治理的实际情况，进行了本土化的同质性群体研究。在未来研究中，可基于此设计模型对不同体制的国内外高校进行扩大样本的案例验证研究，构建差异化模型。

目前，我国高教管理领域的协同治理研究较为局限，缺乏比较研究分析和学科交叉研究，这都有待进一步探索。本书研究表明协同治理在一定程度上是解决高校纵向科研经费管理碎块化问题的方式之一，提高多元主体协同的、共治共享的高校纵向科研经费服务供给质量和经费使用效率及效益，对高校科研项目团队提高科技创新能力、产出更多科研成果具有重要现实意义和理论价值。

参考文献

[1] 蔡劲松，刘建新．“十四五”时期高校科技治理现代化的逻辑与路径 [J]. 北京航空航天大学学报（社会科学版），2021，34（2）：13-20.

[2] 万红波，秦兴丽，康明玉．国内外高校科研经费监管比较研究 [J]. 甘肃科技，2012，28（24）：13-17+22.

[3] 徐小洲，江增煜．效能优先：英国高校科技创新治理体系变革新趋向 [J]. 比较教育研究，2022，44（1）：69-79.

[4] L. R. Jones，Fred Thompson，William Zumeta. *Reform of Budget Control in Higher Education* [J]. *Economics of Education Review*，1986，5（2）：147-158.

[5] Behnan Pourdeyhimi. *University Research Funding：Why does Industry Funding Continue to be a Small Portion of University Research，and How Can we Change the Paradigm?* [J]. *Industry and Higher Education*，2021，35（3）：150-158.

[6] Peng Rong. *Research on the Problems and Countermeasures of Scientific Research Funds Management in Colleges and Universities under the New Situation* [J]. *Journal of International Education and Development*，2022，6（4）：153-158.

[7] 杨希．一流大学建设的效果可持续吗？高校经费累积效应及其对科研产出的影响研究 [J]. 教育与经济，2018，34（1）：80-87.

[8] Xia Fan，Xiaowan Yang，Zhou Yu. *Effect of Basic Research and Applied Research on the Universities Innovation Capabilities：the Moderating Role of Private Research Funding* [J]. *Journal Scientometrics*，2021，126：5387-5411.

[9] 刘黎明．从主体缺位到共同治理：中美高校科研评价比较研究 [J]. 科技管理研究，2022，42（3）：50-56.

[10] *Research Funding for US Universities up for First Time in Five Years in 2016* [J]. *Nature*，2017，552（7684）：281.

[11] 赵清华，王敬华．德国联邦政府科研经费配置和管理的特点 [J]. 全球科技经济瞭望，2018，33（4）：40-45.

[12] N. Angiola，P. Bianchi，L. Damato. *How to Improve Performance of Public Universities? A Strategic Management Approach* [J]. *Public Administration Quarterly*，2019，43（3）：372-400.

[13] 李田霞．日美科研经费管理经验对我国创新科研管理的启示 [J]. 财务与会计，2019（5）：72-73.

[14] 高跃峰．浅议高校科研经费预算控制 [J]. 会计师，2013（17）：60-62.

[15] 李志良，王德军，杨智．高校科研经费三维一体的立体管理模式 [J]. 中国农业会计，2014（12）：26-28.

[16] 万丽华，曹杰．科研经费腐败风险防范的四个论题辩证解析 [J]. 科技管理研究，2015，35（18）：32-36.

[17] 赵雅茹．纵向科研经费绩效管理制度优化研究——以 A 大学为例 [J]. 中国集体经济，2019（9）：99-101.

[18] Shuqin Li. *Research on User Portrait Technology of Scientific Researcher for University Scientific*

Research Management [J]. *International Journal of Social Science and Education Research*, 2021, 4 (4): 42-48.

[19] 卫雅琦，蒙福亘．政府会计制度下高校全成本核算探究——基于资源消耗会计 [J]. 财会通讯，2022 (8): 172-176.

[20] D. Hicks. *Performance based University Research Funding Systems* [J]. *Research Policy*, 2012, 40 (2): 251-261.

[21] K. Drivas, A. T. Balafoutis, S. Rozakis. *Research Funding and Academic Output: Evidence from the Agricultural University of Athens* [J]. *Prometheus*, 2015, 33 (3): 1-22.

[22] D. A. Munoz. *Assessing the Research Efficiency of Higher Education Institutions in Chile: A Data Envelopment Analysis Approach* [J]. *International Journal of Educational Management*, 2016, 30 (6): 809-825.

[23] 张菲菲．高校科研评价体系的国际经验及启示——基于对英、新、澳三国科研评价框架的比较 [J]. 齐鲁师范学院学报，2020，35 (3): 20-25.

[24] U. Haake, C. Silander. *Excellence Seekers, Pragmatists, or Sceptics: Ways of Applying Performance—Based Research Funding Systems at New Universities and University Colleges in Sweden* [J]. *European Journal of Education*, 2021, 56 (2): 307-324.

[25] 徐蕾．大数据时代高校财务预算绩效评价研究与应用——基于灰色关联分析改进模型 [J]. 中国管理信息化，2017，20 (9): 33-36.

[26] 苑泽明，张永贝，宁金辉．京津冀高校科研创新绩效评价——基于 DEA-BCC 和 DEA-Malmquist 模型 [J]. 财会月刊，2018 (24): 26-32.

[27] 李彦华，张月婷，牛蕾．中国高校科研效率评价：以中国“双一流”高校为例 [J]. 统计与决策，2019，35 (17): 108-111.

[28] 张宝生，王天琳，王晓红．政府科技经费投入、研发规模与高校基础研究科研产出的关系——基于省际面板数据的门槛回归分析 [J]. 中国科技论坛，2021 (4): 55-63+74.

[29] G. Agyemang, J. Broadbent. *Management Control Systems and Research Management in Universities* [J]. *Accounting, Auditing & Accountability Journal*, 2015, 28 (7): 1018-1046.

[30] D. O' Sullivan. *Evolution of Internal Quality Assurance at One University—A Case Study* [J]. *Quality Assurance in Education An International Perspective*, 2017, 25 (2): 189-205.

[31] 姚洁．国家科研项目资金的监督问题研究 [D]. 北京：中央财经大学，2016: 50-56.

[32] 何维兴，焦朝辉．高校科研经费“包干制”实施路径的探讨——基于财务工作视角的分析 [J]. 中国高校科技，2020 (11): 21-25.

[33] 卓越．基于高校科研经费信用体系建设的风险点识别及对策研究 [J]. 教育财会研究，2020 (3): 31-39.

[34] 王芬，吕蓓蓓．浅析新政府会计制度下高校科研经费核算 [J]. 行政事业资产与财务，2021 (19): 76-77.

[35] 孟凡斌，吴高波．高校经费水平、收入结构与预算质量：逻辑关系及改善路径 [J]. 黑龙江高教研究，2022，40 (3): 49-55.

[36] *Our Global Neighborhood, The Report of the Commission on Global Governance* [M]. Oxford: Oxford University Press, 1995: 32-36.

[37] Dallas J. Elgin. *Cooperative Interactions among Friends and Foes Operating within Collaborative Governance Arrangements* [J]. *Public Administration*, 2015, 93 (3): 769-787.

[38] A. Scott Tyler, W. Thomas Craig. *Winners and Losers in the Ecology of Games: Network Position, Connectivity, and the Benefits of Collaborative Governance Regimes* [J]. *Journal of Public Administration Research and Theory*, 2017, 27 (4): 647-660.

[39] Annette Quayle, Johanne Grosvold, Larelle Chapple. *New Modes of Managing Grand Challenges: Cross-sector Collaboration and the Refugee Crisis of the Asia Pacific* [J]. *Australian Journal of Management*, 2019, 44 (4): 665-686.

[40] 何水，蓝李焰．中国公共危机管理的困境与出路——一个宏观的分析 [J]. 湖北经济学院学报，2008，6 (1)：91-95.

[41] 郑文堂，刘永祥，宁美军，等．国际视阈下城市治理研究发展探究——基于科学计量学的可视化分析 [J]. 北方工业大学学报，2019，31 (3)：1-16+30.

[42] 单学鹏．中国语境下的协同治理概念有什么不同？——基于概念史的考察 [J]. 公共管理评论，2021，3 (1)：5-24.

[43] 潘启亮，杨梦婷．高校科研诚信的协同治理——基于利益相关者视角 [J]. 学术研究，2022 (9)：70-74.

[44] 陶国根．生态环境多元主体协同治理的三重逻辑分析 [J]. 福建农林大学学报（哲学社会科学版），2022，25 (2)：63-69.

[45] L. E. Pelton, D. Strutton, J. R. Lumpkin. *Marketing Channels: A Relationship Management Approach* [M]. Boston: McGraw-Hill, 2002: 38-45.

[46] Anssel, Gash. *Collaborative Platforms as a Governance Strategy* [J]. *Journal of Public Administration Research and Theory*, 2018, 28 (1): 16-32.

[47] Cátia Raquel Felden Bartz, Daniel Knebel Baggio, Lucas Veiga Ávila, et al. *Collaborative Governance: An International Bilbiometric Study of the Last Decade* [J]. *Public Organization Review*, 2021, 21 (3): 1-17.

[48] 胡钊源．我国社会协同治理理论研究现状与评价 [J]. 领导科学，2014 (8)：18-21.

[49] 刘锐，张承文．从粗糙维持到精细治理：基层治理转型困境分析 [J]. 云南民族大学学报（哲学社会科学版），2022，39 (4)：84-91.

[50] 埃莉诺·奥斯特罗姆．公共事物的治理之道：集体行动制度的演进 [M]. 余逊达，陈旭东，译．上海：上海译文出版社，2012：144.

[51] Kirk Emerson, Andrea K. Gerlak. *Adaptation in Collaborative Governance Regime* [J]. *Environmental Management*, 2014, 54 (4): 768-781.

[52] Saba Siddiki, Jangmin Kim, William D. Leach. *Diversity, Trust and Social Learning in Collaborative Governance* [J]. *Public Adminisration Review*, 2017, 77 (6): 863-874.

[53] Chris Koski, Saba Siddiki, Abdul-Akeem Sadiq, et al. *Representation in Collaborative Governance: A Case Study of a Food Policy Council* [J]. *The American Review of Public Administration*, 2018, 48 (4): 359-373.

[54] John M. Bryson, Barbara C. Crosby, Seo Danbi. *Using a Design Approach to Create Collaborative Governance* [J]. *Policy & Politics*, 2019, 48 (1): 1-23.

[55] Avoyan Emma. *Inside the Black Box of Collaboration: a Process-tracing Study of Collaborative Flood Risk Governance in the Netherlands* [J]. *Journal of Environmental Policy & Planning*, 2022, 24 (2): 227-241.

[56] 邓新位. 代建制下公共项目治理绩效测量模型的案例验证研究 [D]. 天津: 天津理工大学, 2014: 98.

[57] Xinping Liu, Lei Zheng. *Cross-departmental Collaboration in One-stop Service Center for Smart Governance in China: Factors, Strategies and Effectiveness* [J]. *Government Information Quarterly*, 2018, 35 (4): 54-60.

[58] Zheng Wang, Sanjuán Martínez Oscar, Fenza Giuseppe, et al. *Research on Innovation of Public Service Supply Mechanism from the Perspective of Social Cooperative Governance Based on Improved Genetic Algorithms Using Fuzzy TOPSIS* [J]. *Journal of Intelligent & Fuzzy Systems*, 2021, 40 (4): 8531-8540.

[59] 鲍勃·杰索普, 漆燕. 治理的兴起及其失败的风险: 以经济发展为例 [J]. 国际社会科学杂志, 2019 (3): 52-67.

[60] Bing Ran, Huiting Qi. *The Entangled Twins: Power and Trust in Collaborative Governance* [J]. *Administration & Society*, 2019, 51 (4): 607-636.

[61] Susan E. Clarke. *Local Place-based Collaborative Governance: Comparing State-centric and Society-centered Models* [J]. *Urban Affairs Review*, 2017, 53 (3): 578-602.

[62] Hui Iris, Smith Gemma. *Private Citizens, Stakeholder Groups, or Governments? Perceived Legitimacy and Participation in Water Collaborative Governance* [J]. *Policy Studies Journal*, 2021, 50 (1): 241-265.

[63] 张宏伟. 治理现代化视域下社会治理模式创新研究 [D]. 济南: 山东大学, 2015: 89.

[64] 熊光清, 熊健坤. 多中心协同治理模式: 一种具备操作性的治理方案 [J]. 中国人民大学学报, 2018, 32 (3): 145-152.

[65] 林光祺, 洪利华. "比较—现代化" 视野下的国家建设与财政变革——基于历史社会学和新财政史学 [J]. 广东财经大学学报, 2020, 35 (4): 4-19.

[66] 肖克, 谢琦. 跨部门协同的治理叙事、中国适用性及理论完善 [J]. 行政论坛, 2021, 28 (6): 51-57.

[67] 李庆瑞, 曹现强. 党政统合与自主治理: 基层社会治理的实践逻辑——基于 2020 年至 2021 年社会治理创新案例的扎根理论研究 [J]. 公共管理学报, 2022, 19 (3): 110-122.

[68] 张淑玲. 高校科研经费协同管理研究 [J]. 吉林工商学院学报, 2009, 25 (4): 116-117, 120.

[69] 卢黎. 基于协同理论的高校科研经费管理探析 [J]. 会计师, 2014 (13): 76-77.

[70] 张栋梁. 浙江大学科研项目协同管理机制研究——基于流程再造的新范式 [J]. 中国基础科学, 2018, 20 (2): 53-58.

[71] 王长峰, 王化兰. 高等院校 "双一流" 学科建设项目科技治理体系研究 [J]. 项目管理技术, 2020, 18 (9): 18-22.

[72] Damon Coletta. *Principal-agent Theory in Complex Operations* [J]. *Small Wars & Insurgencies*, 2013, 24 (2): 306-321.

[73] Jiawei Liu, Guanghong Ma. *Study on Incentive and Supervision Mechanisms of Technological Inno-*

vation in Megaprojects Based on the Principal-agent Theory [J]. *Engineering Construction and Architectural Management*, 2021, 28 (6): 1593-1614.

[74] Ceric Anita, Ivic Ivona. *Network Analysis of Interconnections between Theoretical Concepts Associated with Principal-agent Theory Concerning Construction Projects* [J]. *Organization, Technology and Management in Construction: An International Journal*, 2021, 13 (1): 2450-2464.

[75] 曹晓丽，陈立文，杨忠英．公共项目利益相关者委托代理风险评价研究［J］．技术经济与管理研究，2012（11）：19-23.

[76] 黄丽丽．高校科研经费管理效率的提升路径分析——基于委托代理理论视角［J］．福建金融管理干部学院学报，2022（3）：9-16.

[77] 田五星，王海凤．我国高等教育经费投入的成本管控问题研究［J］．教育研究，2017，38（8）：78-84.

[78] 刘卫民，杨媚，易智敏，等．高校纵向科研经费问责研究——基于委托代理理论［J］．会计之友，2017（6）：69-72.

[79] Max B. E. Clarkson. *A Stakeholder Framework for Analyzing and Evaluating Corporate Social Performance* [J]. *The Academy of Management Review*, 1995, 20 (1): 92-117.

[80] Max B. E. Clarkson. *A Risk-based Model of Stakeholder Theory II*, *Proceedings of the Toronto Conference on Stakeholder Theory*, *Center for Corporate Social Performance and Ethics* [C]. University of Toronto, Canada, 1994: 186-196.

[81] Katie Callan, C. Sieimieniuch, M. Sinclair. *A Case Study Example of the Role Matrix Technique* [J]. *International Journal of Project Management*, 2006, 24 (6): 506-515.

[82] Portulhak Henrique, Pacheco Vicente. *Public Value is in the Eye of the Beholder: Stakeholder Theory and Ingroup Bias* [J]. *Public Money & Management*, 2023, 43 (1): 36-44.

[83] 张衡，眭依凡．大学内部治理体系：现实诉求与构建思路［J］．高校教育管理，2019，13（3）：35-43.

[84] 赫尔曼·哈肯．大自然成功的奥秘：协同学［M］．凌复华，译．上海：上海译文出版社，2018：3-5.

[85] 田玉麒．破与立：协同治理机制的整合与重构——评 *Collaborative Governance Regimes* ［J］．公共管理评论，2019（2）：131-143.

[86] 武俊伟，孙柏瑛．我国跨域治理研究：生成逻辑、机制及路径［J］．行政论坛，2019，26（1）：65-72.

[87] UNDP. *Governance for Sustainable Human Development* [M]. UNDP, 1997: 46.

[88] 星野昭吉．全球政治学［M］．刘小林，张胜军，译．北京：新华出版社，2000：279.

[89] Jiang Junyan, Meng Tianguang, Zhang Qing. *From Internet to Social Safety Net: The Policy Consequences of Online Participation in China* [J]. *Governance*, 2019, 32 (3): 531-546.

[90] 李健，李雨洁．链块结合：超大城市社区政社协同治理机制创新——以北京市“回天地区三年行动计划”为例［J］．北京行政学院学报，2022（6）：21-29.

[91] 孟天广．福利制度的过程治理：再分配、政府质量与政治信任［J］．行政论坛，2022，29（1）：31-39.

[92] J. L. Jones, D. D. White. *Understanding Barriers to Collaborative Governance for the Food-energy-water nexus: The Case of Phoenix, Arizona* [J]. *Environmental Science and Policy*, 2022, 127: 111-119.

[93] Michael Matin. *University Boards as Public Decision-makers: Clarifying Representative Governance, Obligations, and Enforcement* [J]. *Education and Law Journal*, 2019, 28: 179-199.

[94] 蔡益群. 社会治理的概念辨析及界定：国家治理、政府治理和社会治理的比较分析 [J]. 社会主义研究，2020 (3): 149-156.

[95] 田玉麒，陈果. 跨域生态环境协同治理：何以可能与何以可为 [J]. 上海行政学院学报，2020，21 (2): 95-102.

[96] 斯科特. 规制、治理与法律：前沿问题研究 [M]. 安永康，译. 北京：清华大学出版社，2018.

[97] 乌婷，权凯. 大学治理与绩效管理的共生性及协同性探析——我国大学绩效管理改进的方向与路径思考 [J]. 西安电子科技大学学报（社会科学版），2021，31 (3): 99-107.

[98] 马璐璐. 新时代省属高校科研经费管理模式探究 [J]. 山东师范大学学报（自然科学版），2022，37 (1): 79-85.

[99] 周蕾. 第三方服务助力高校科研经费管理的试点探索 [J]. 教育财会研究，2019，30 (4): 37-39，42.

[100] 李雄平，韩天然，李迪心. "放管服"背景下高校科研经费财务管理问题研究 [J]. 教育财会研究，2022，33 (1): 21-24.

[101] 韩海波. 新时期高校科研间接费统筹管理路径探究 [J]. 研究与发展管理，2021，33 (5): 168-174.

[102] 周山. 高效科研经费使用质量提升路径研究 [J]. 审计与理财，2019 (10): 50-51.

[103] 陈晓雯，方宝才. "放管服"背景下高校科研经费管理存在的问题及创新路径研究——以Y高校为例 [J]. 财务管理研究，2021 (5): 51-56.

[104] 熊信友. 基于过程管理下提高中央科研事业单位财政资金预算执行率的研究 [J]. 预算管理与会计，2019 (5): 39-41.

[105] 郭森. 科研事业单位科研经费管理问题与对策研究 [J]. 行政事业资产与财务，2022 (9): 117-119.

[106] 路秀平. 新形势下完善科研经费管理与监督机制研究 [J]. 会计之友，2018 (7): 130-132.

[107] 胡敏. 政府对高校纵向科研经费管理研究——以A高校为例 [D]. 金华：浙江师范大学，2019: 94.

[108] 陈峰. 我国基础研究经费投入规模与执行结构的量化分析研究 [J]. 今日科苑，2022 (4): 31-40.

[109] 俞立平. 项目经费资助强度与科研成果互动机制研究——基于"双一流"高校人文社科案例验证 [J]. 决策与信息，2023 (1): 41-53.

[110] 张玲玲. 从科研经费预算执行谈高校管理模式创新 [J]. 会计师，2020 (1): 81-82.

[111] 钱坤. 从"治理信息"到"信息治理"：国家治理的信息逻辑 [J]. 情报理论与实践，2020，43 (7): 48-53.

[112] 胡冰，魏利平，耿彦军. 政府会计制度对高校科研管理的影响研究——基于"放管服"改革的视角 [J]. 会计之友，2020 (20): 93-99.

[113] 王钊，苏晓华，吴陆生，等. "放管服"背景下的高校科研经费预算管理流程优化研究——以J高校为例 [J]. 科技管理研究，2021，41 (5): 45-53.

[114] 卢浩宇，潘中多，杨如安. 我国高校科研管理研究现状与发展态势 [J]. 中国高校科技，2019 (S1): 7-9.

[115] P. Andersen, N. C. Petersen. *A Procedure for Ranking Efficient Units in Data Envelopment Analysis* [J]. *Management Science*, 1993, 39 (10): 1261-1294.

[116] S. Malmquist. *Index Numbers and Indifference Curves* [J]. *Trabajos de Estatistica*, 1953, 4 (2): 209-242.

[117] 中华人民共和国教育部科学技术司 . 高等学校科技统计资料汇编 [M]. 北京: 高等教育出版社, 2015—2021 年汇编 .

[118] 徐娟 . 我国各省高校科研投入产出相对效率评价研究——基于数据包络分析方法 [J]. 清华大学教育研究, 2009, 30 (2): 76-80.

[119] 郭海娜 . 教育部直属高校科研效率评价研究 [D]. 镇江: 江苏科技大学, 2012: 56.

[120] 宋京芳 . 高校科研经费使用效率评价研究 [D]. 大连: 大连理工大学, 2014: 63.

[121] 孙念 . 理工类高校科研经费绩效评价研究 [D]. 武汉: 武汉理工大学, 2017: 96.

[122] 王德新, 李诗隽 . 新时代公众参与的社会治理创新 [J]. 哈尔滨工业大学学报 (社会科学版), 2022, 24 (2): 66-72.

[123] H. Fang, S. L. Lu, J. Chen, et al. *Coalition Formation Based on a Task-oriented Collaborative Ability Vector* [J]. *Frontiers of Information Technology & Electronic Engineering*, 2017, 18 (1): 139-148.

[124] M. A. Kern, L. S. Smutko. *Collaborative Governance: The Role of University Centers, Institutes, and Programs* [J]. *Conflict Resolution Quarterly*, 2021, 39 (1): 29-50.

[125] Jacob, Torfing, Christopher, et al. *Strengthening Political Leadership and Policy Innovation through the Expansion of Collaborative Forms of Governance* [J]. *Public Management Review*, 2017, 19 (1): 37-54.

[126] Ann Marie Thomson, J. L. Perry. *Collaboration Processes: Inside the Black Box* [J]. *Public Administration Review*, 2006, 66 (s1): 22-32.

[127] Heather Getha-Taylor, Misty J. Grayer, Robin J. Kempf, et al. *Collaborating in the Absence of Trust? What Collaborative Governance Theory and Practice can Learn from the Literatures of Conflict Resolution, Psychology and Law* [J]. *The American Review of Public Administration*, 2019, 49 (1): 51-64.

[128] A. A. Gash. *Collaborative Governance in Theory and Practice* [J]. *Journal of Public Administration Research and Theory*, 2008, 18 (4): 543-571.

[129] K. Emerson, T. Nabatchi, S. Balogh. *An Integrative Framework for Collaborative Governance* [J]. *Journal of Public Administration Research and Theory*, 2012, 22 (1): 1-29.

[130] Shilong Wang. *Research on the Collaborative Governance Model in the Charity Organization under Polycentric Perspective* [J]. *Open Journal of Social Sciences*, 2014, 2 (9): 263-269.

[131] 田培杰 . 协同治理: 理论研究框架与分析模型 [D]. 上海: 上海交通大学, 2013: 143.

[132] L. Seulki, S. M. Ospina. *A Framework for Assessing Accountability in Collaborative Governance: A Process-based Approach* [J]. *Perspectives on Public Management and Governance*, 2022, 5 (1): 63-75.

[133] 荣泰生 . AMOS 与研究能力 [M]. 重庆: 重庆大学出版社, 2009: 145.

[134] 吴明隆 . 结构方程模型——AMOS 的操作与应用 [M]. 重庆: 重庆大学出版社, 2010: 16.

[135] 温忠麟，叶宝娟．中介效应分析：能力和模型发展［J］．心理科学进展，2014，22（5）：731-745.

[136] 叶晨光．高校承担国家重大科技任务项目管理机制研究［J］．大学，2022（1）：38-41.

[137] Yi He，Linlin Ma，Yanan Wang. *Research on Collaborative Governance Mechanism of Academic Ecological Environment under the Background of Crowd Intellectual Thinking*［J］．*International Journal of Crowd Science*，2021，5（3）：271-280.

[138] 郭炜煜．京津冀一体化发展环境协同治理模型与机制研究［D］．北京：华北电力大学，2016.

[139] Drucker Peter. *The Practice of Management*［M］．［S. l.］：Taylor and Francis，2012：26.

[140] 杨明欣，龚玮琪，瞿英．基于DEMATEL能力的高校协同创新科研绩效评价影响因素分析［J］．河北工业科技，2019，36（2）：83-90.

[141] 尤园．D大学科研经费使用绩效评价研究［D］．大连：大连理工大学，2019：89.

[142] 张俊桂，吴圣龙．高校科研管理角色定位与工作转型思考［J］．扬州大学学报（高教研究版），2013（3）：60-64.

[143] 毛亮．高职院校科研经费协同治理路径创新研究［J］，科学咨询，2019（13）：13-14.

[144] Lingyan Zhu. *Research and Application of AHP-fuzzy Comprehensive Evaluation Model*［J］．*Evolutionary Intelligence*，2020，(prepublish)：1-7.

[145] Qiang Wu. *Analysis on the Performance Evaluation of Humanities and Social Sciences Research Funds in Colleges and Universities under the Background of the Contract System Reform*［J］．*International Journal of Social Science and Education Research*，2021，4（9）：483-487.

[146] Liu Yi，Zhao Xuan，Mao Feng. *The Synergy Degree Measurement and Transformation Path of China's Traditional Manufacturing Industry Enabled by Digital Economy*［J］．*Mathematical Biosciences and Engineering*：*MBE*，2022，19（6）：5738-5753.

[147] Xing Huang，Junyi Song，Xing Li. *Evaluation Model of Synergy Degree for Disaster Prevention and Reduction in Coastal Cities*［J］．*Natural Hazards*，2020，100（3）：933-953.

[148] Hu-Chen Liu，Hua Shi，Zhi-Wu Li，et al. *An Integrated Behavior Decision-making Approach for Large Group Quality Function Deployment*［J］．*Information Sciences*，2022，582：334-348.

[149] Singh A. S.，Sehijpal S.，Ramank. *Bibliometric Analysis of Entropy Weights Method for Multi-objective Optimization in Machining Operations*［J］．*Materials Today*：*Proceedings*，2022，50（5）：1248-1255.